黑龙江省
灾害性天气普查与分析手册
（2012—2017 年）

主　编：曲成军　　王承伟
副主编：赵广娜　　张　月

U0250969

气象出版社
China Meteorological Press

内容简介

本书以 2012—2017 年出现在黑龙江省的暴雨、大(暴)雪、寒潮、大风、大雾、沙尘、雨夹雪等 7 类灾害性天气和高影响天气为主要对象,通过普查整理出这些天气对应出现日期的 84 个国家级气象站及省、市级气象站的站次资料,对于其中范围较大、关注度较高的天气个例从天气特点、主要影响系统、天气系统演变、空间差异等角度进行分析,同时提取典型天气个例对其天气特点进行重点剖析。此外,对 2017 年的暴雨洪涝、大风、干旱、冰雹、低温冷害、森林草原火灾等灾情概况进行了收集和整理,为以后研究以及建立灾害库、灾害性天气模型等提供基础。

本书可供年轻预报员进行天气分析时参考,也可作为黑龙江省预报服务人员的工具书。

图书在版编目（ＣＩＰ）数据

黑龙江省灾害性天气普查与分析手册 ： 2012—2017
年 / 曲成军, 王承伟主编. －－ 北京 ： 气象出版社,
2021.8
　ISBN 978-7-5029-7515-9

　Ⅰ. ①黑… Ⅱ. ①曲… ②王… Ⅲ. ①灾害性天气－
普查－黑龙江省－2012-2017②灾害性天气－天气分析－黑
龙江省－2012-2017 Ⅳ. ①P468.235

中国版本图书馆CIP数据核字(2021)第153703号

黑龙江省灾害性天气普查与分析手册(2012—2017 年)
Heilongjiang Sheng Zaihaixing Tianqi Pucha yu Fenxi Shouce（2012—2017 Nian）

出版发行：气象出版社
地　　址：北京市海淀区中关村南大街 46 号　邮政编码：100081
电　　话：010-68407112(总编室)　010-68408042(发行部)
网　　址：http://www.qxcbs.com　　E - m a i l：qxcbs@cma.gov.cn
责任编辑：黄海燕　　　　　　　　　终　审：吴晓鹏
责任校对：张硕杰　　　　　　　　　责任技编：赵相宁
封面设计：博雅锦
印　　刷：北京中石油彩色印刷有限责任公司
开　　本：787 mm×1092 mm　1/16　　印　张：20
字　　数：512 千字
版　　次：2021 年 8 月第 1 版　　　　印　次：2021 年 8 月第 1 次印刷
定　　价：120.00 元

本书如存在文字不清、漏印以及缺页、倒页、脱页等,请与本社发行部联系调换。

编委会

主　编：曲成军　王承伟

副主编：赵广娜　张　月

编　委（按姓氏笔画排序）：

马国忠　王晓雪　王深义　白雪梅　任　丽　孙　琪

李有缘　李兴权　吴迎旭　张　宇　张天华　张礼宝

张桂华　陈可心　庞　博　孟莹莹　赵　玲　赵　柠

徐　玥　栾　晨　高梦竹　韩　冰　谢玉静

序

    自然灾害对人类社会的影响非常深刻,随着气候变化和经济社会发展,气象灾害频发、灾害种类增多、灾害脆弱性增大,给人民生命财产造成巨大损害。近年来,黑龙江省多次出现有气象记录以来强度排在首位的暴雨、大(暴)雪、大风等极端天气,各类高影响天气频发,给黑龙江省气象工作人员面向国家和地方发展大局,围绕"五大安全"和"六个强省"战略任务提出了新的要求和更大挑战。

    为不断提高黑龙江省气象部门灾害性天气预报、预警和服务水平,提升防灾减灾救灾能力,更好地认识灾害性天气、高影响天气的机理和影响,更好地保障地方经济社会平稳快速发展,满足人民群众对精细、精准、贴心的气象服务日益增长的需求,黑龙江省气象台对 2012—2017 年全省出现的暴雨、大风等灾害性天气进行分市、县普查,对典型个例进行梳理与总结,对部分年份灾情进行收集和整理。有大量的老、中、青三代预报和服务人员参与了收集、整理和分析工作,该工作的开展有助于黑龙江省预报、预警以及气象服务经验的积累和传承,年轻预报员也得到了一定的锻炼。

    本书为黑龙江省近年灾害性天气分析提供了基础,便于全省预报员查询和统计,为年轻预报员进行天气分析提供了参考依据,本书也将为培养更多的优秀预报员和提高预报准确率发挥积极作用。

潘进军

2021 年 3 月

前　言

　　黑龙江省属温带大陆性季风气候区,从天气系统来看,可能受低、中、高不同纬度系统的影响,暴雨、大(暴)雪、寒潮、大风、大雾、沙尘等气象灾害时有发生,给人民生产、生活带来很大影响,也是天气预报、服务人员关注的重点,在春、秋两季,黑龙江省的雨雪转换对交通、农业生产影响较大,也是预报、服务需要特别关注的天气。

　　本书以2012—2017年出现在黑龙江省的暴雨、大(暴)雪、寒潮、雨夹雪、大风、大雾、沙尘7类灾害性天气和高影响天气为主要对象,通过普查整理出这些天气对应出现日期的84个国家级气象站及省、市级气象站的站次资料,对于其中范围较大、关注度较高的个例从天气特点、主要影响系统、天气系统演变、空间差异等角度进行了分析,同时提取典型个例对其天气特点进行重点剖析。另外,对于2017年的灾情概况进行了收集和整理,为以后研究和建立灾害库、灾害性天气模型等提供了基础。因此,本书可以作为黑龙江省预报、服务人员的工具书使用。

　　本书的编写工作主要由黑龙江省气象台相关业务人员负责。其中,曲成军、王承伟、赵广娜负责全书的大纲拟定、编写工作的组织协调,以及文稿审定、统稿工作。第一部分由张天华、韩冰、王深义、王晓雪、李有缘、孟莹莹编写,由栾晨、张宇、白雪梅审核,由高梦竹复核;第二部分由赵玲、张桂华、徐玥、谢玉静、张月、吴迎旭、王深义、张天华编写,由张礼宝、任丽、马国忠审核;附录A由王承伟编写;附录B由孙琪、李兴权、赵柠、庞博、陈可心编写,由孙琪审核。王承伟、张月负责普查及个例筛选天气标准的确定;孙琪、张月负责全书数据库的建立和文字的整理工作;张宇、孟莹莹负责数据整理和相关程序的编写工作。

　　黑龙江省气象局党组书记、局长潘进军同志对本书的编写和出版给予了高度重视和大力支持,并在百忙中为本书作序,在此表示衷心感谢!对其他为本书编写和出版给予支持和帮助的人员一并表示感谢!

　　由于编写人员水平有限,加上时间仓促,不足及错漏之处在所难免,恳请读者批评指正。

作者

2021年3月

目　　录

、2012—2017年灾害性天气普查

普查说明

  本部分主要介绍 2012—2017 年黑龙江省暴雨、大(暴)雪、寒潮、雨夹雪、大风、大雾和沙尘 7 类灾害性天气普查结果。普查范围为黑龙江省境内 13 个市(地)、84 个国家级气象站；除寒潮外，起始时间均为当日 08 时，寒潮取当日与次日最低气温计算。

  普查标准如下：

  1. 暴雨：24 h 降雨量≥50 mm，全省出现站点数≥1，出现站点标注为★。

  2. 大(暴)雪：24 h 降雪量≥5 mm，全省出现站点数≥3，出现站点标注为★。

  3. 寒潮：24 h 最低气温下降≥8℃，且最低气温≤4℃，全省出现站点数≥20，出现站点标注为★。

  4. 雨夹雪：地面天气现象记录雨夹雪或相邻两个时次天气现象有雨雪相态转换，全省出现站点数≥10。其中雪转雨(或雨夹雪)/雨夹雪转雨，出现站点标注为 1，雨转雪(或雨夹雪)/雨夹雪转雪，出现站点标注为 2，间歇性雪雨转换或纯雨夹雪，出现站点标注为 3。

  5. 大风：24 h 内瞬时风力≥8 级或平均风力≥6 级，全省出现站点数≥10，出现站点标注为★。

  6. 大雾：24 h 内地面天气现象记录为大雾，且同一时次全省连续站点数≥3，出现站点标注为★。

  7. 沙尘：24 h 内地面天气现象记录为浮尘、扬沙、沙尘暴等，且同一时次全省连续站点数≥3，出现站点标注为★。

  以下将每种灾害性天气的普查结果分 4 个表格给出，第一个表为全省总表，表示入选日全省及各市(地)该类天气出现的站次，其中一类站指的是黑龙江省国家基准站和基本站。第二至第四个表按市(地)分县显示当日该类天气出现与否，其中第二个表对应大兴安岭、黑河、伊春、齐齐哈尔等 4 个市(地)的普查结果；第三个表对应哈尔滨、绥化、大庆 3 个市的普查结果；第四个表对应鹤岗、佳木斯、双鸭山、七台河、鸡西、牡丹江 6 个市的普查结果。

黑龙江省暴雨普查结果

日期	总站数	一类站数	大兴安岭	黑河	伊春	齐齐哈尔	哈尔滨	绥化	大庆	七台河	鸡西	牡丹江	鹤岗	佳木斯	双鸭山
2012-06-07	1	0												1	
2012-06-09	6	4		1	2			2						1	
2012-06-24	1	0				1									
2012-07-01	1	0				1									
2012-07-08	2	1		1		1									
2012-07-09	1	1						1							
2012-07-10	2	1											2		
2012-07-15	1	0			1										
2012-07-17	1	0	1												
2012-07-22	1	0						1							
2012-07-26	4	1		1	1		1	1							
2012-07-28	15	7				3	1	6	3					2	
2012-07-29	15	5					6	3						4	2
2012-07-30	1	0			1										
2012-08-08	1	0					1								
2012-08-28	9	2					7	2							
2012-08-29	7	3			4			1						2	
2012-09-11	2	0		1		1									
2012-09-12	2	2		2											
2012-09-17	11	3								2	3	6			
2012-09-18	1	0												1	
2013-04-29	1	1											1		
2013-06-17	1	0					1								

日期	总站数	一类站数	大兴安岭	黑河	伊春	齐齐哈尔	哈尔滨	绥化	大庆	七台河	鸡西	牡丹江	鹤岗	佳木斯	双鸭山
2013-06-27	1	0				1									
2013-06-29	2	0					1					1			
2013-07-01	1	1													1
2013-07-02	12	4				2	2	3	3		1		1		
2013-07-03	1	0					1								
2013-07-04	1	0						1							
2013-07-07	2	2	2												
2013-07-09	1	0					1								
2013-07-14	1	0													1
2013-07-15	1	0				1									
2013-07-19	8	4		2		3		2	1						
2013-07-20	1	0										1			
2013-07-23	2	1										2			
2013-07-24	3	2					1				2				
2013-07-25	3	0												1	2
2013-07-29	2	1		1					1						
2013-07-30	2	0						1			1				
2013-08-01	1	1				1									
2013-08-05	1	0				1									
2013-08-07	5	0			1		3				1				
2013-08-08	1	1	1												
2013-08-09	1	1		1											
2013-08-10	2	1											1	1	
2013-08-12	4	2					1	3							

日期	总站数	一类站数	大兴安岭	黑河	伊春	齐齐哈尔	哈尔滨	绥化	大庆	七台河	鸡西	牡丹江	鹤岗	佳木斯	双鸭山
2013-08-16	1	0													1
2013-08-22	1	0					1								
2013-09-09	1	1		1											
2014-05-18	1	1				1									
2014-06-07	1	0					1								
2014-06-08	1	0					1								
2014-06-10	2	1											1	1	
2014-06-11	1	0												1	
2014-06-24	1	1		1											
2014-06-26	3	1			1			2							
2014-07-07	2	1	1			1									
2014-07-08	2	0			2										
2014-07-11	1	0													1
2014-07-13	1	0										1			
2014-07-17	2	0											1	1	
2014-07-19	4	1				4									
2014-07-20	6	3		2	1	2		1							
2014-07-21	1	0												1	
2014-07-23	1	0			1										
2014-07-31	2	1			2										
2014-08-06	1	0					1								
2014-08-14	2	1						1							1
2014-08-19	1	1		1											
2014-08-20	2	2			1			1							

日期	总站数	一类站数	大兴安岭	黑河	伊春	齐齐哈尔	哈尔滨	绥化	大庆	七台河	鸡西	牡丹江	鹤岗	佳木斯	双鸭山
2014-08-26	1	1	1												
2014-09-08	1	1												1	
2014-09-09	1	0													1
2015-06-07	1	0							1						
2015-06-17	1	1				1									
2015-06-18	1	0				1									
2015-06-22	3	0			1			1	1						
2015-06-28	4	1			1		2	1							
2015-07-03	1	0			1										
2015-07-10	1	1						1							
2015-07-12	1	0											1		
2015-07-13	4	2									2	1			1
2015-07-20	1	1	1												
2015-07-21	1	0							1						
2015-07-24	1	0						1							
2015-07-25	3	0				1	1							1	
2015-07-26	3	2	2											1	
2015-08-02	2	1	1			1									
2015-08-07	2	0				1								1	
2015-08-08	4	1		1			1	1	1						
2015-08-09	1	0													1
2015-08-10	1	0					1								
2015-08-15	3	0				2			1						
2015-08-16	2	1							2						

日期	总站数	一类站数	大兴安岭	黑河	伊春	齐齐哈尔	哈尔滨	绥化	大庆	七台河	鸡西	牡丹江	鹤岗	佳木斯	双鸭山
2015-08-17	1	0						1							
2015-08-18	1	1		1											
2015-08-21	1	1										1			
2015-08-22	2	1										2			
2015-08-23	1	0												1	
2015-08-26	1	1										1			
2015-08-28	2	1									1				1
2015-09-22	1	1		1											
2016-05-03	7	3								1	2	2		1	1
2016-06-10	1	0					1								
2016-06-16	2	0				1		1							
2016-06-17	1	0					1								
2016-06-21	2	0													
2016-06-30	2	1			1		1								
2016-07-08	3	1			1									1	1
2016-07-12	2	1											1		1
2016-07-24	1	1													
2016-08-06	1	0												1	
2016-08-21	1	0						1							
2016-08-29	3	1												1	2
2016-08-30	1	0													
2016-08-31	1	1										1			
2016-09-05	1	1					1								
2016-09-06	1	1					1								

日期	总站数	一类站数	大兴安岭	黑河	伊春	齐齐哈尔	哈尔滨	绥化	大庆	七台河	鸡西	牡丹江	鹤岗	佳木斯	双鸭山
2016-09-08	2	1				1	1								
2016-09-12	1	0						1							
2016-09-15	1	0			1										
2016-09-24	1	1		1											
2017-05-13	1	1										1			
2017-06-01	1	0											1		
2017-06-18	1	1		1											
2017-06-19	1	0					1								
2017-06-20	1	0											1		
2017-06-27	1	0											1		
2017-06-29	2	0											2		
2017-07-02	1	0					1								
2017-07-10	2	0												1	1
2017-07-13	1	0						1							
2017-07-18	2	1										2			
2017-07-19	3	1										3			
2017-07-27	1	1													1
2017-08-01	8	2		1			4	1				1	1		
2017-08-02	1	0						1							
2017-08-03	20	8				2	4		10	2				1	1
2017-08-05	1	1	1												
2017-08-06	5	3					3						1	1	
2017-08-07	5	2		1		1		1	1				1		
2017-08-12	2	0				2									
2017-08-24	1	0											1		
2017-09-05	1	0						1							

日期	大兴安岭							黑河					
	加格达奇	北极村	漠河	塔河	呼中	新林	呼玛	黑河	孙吴	逊克	五大连池	北安	嫩江
2012-06-07													
2012-06-09													★
2012-06-24													
2012-07-01													
2012-07-08											★		
2012-07-09													
2012-07-10													
2012-07-15													
2012-07-17					★								
2012-07-22													
2012-07-26										★			
2012-07-28													
2012-07-29													
2012-07-30													
2012-08-08													
2012-08-28													
2012-08-29													
2012-09-11											★		
2012-09-12								★					★
2012-09-17													
2012-09-18													
2013-04-29													
2013-06-17													

齐齐哈尔暴雨普查结果

伊春					齐齐哈尔									
伊春	嘉荫	乌伊岭	铁力	五营	齐齐哈尔	讷河	克山	克东	龙江	甘南	富裕	依安	拜泉	泰来
★			★											
									★					
														★
	★													
				★										
					★								★	★
	★													
★	★	★		★										
												★		

日期	大兴安岭							黑河					
	加格达奇	北极村	漠河	塔河	呼中	新林	呼玛	黑河	孙吴	逊克	五大连池	北安	嫩江
2013-06-27													
2013-06-29													
2013-07-01													
2013-07-02													
2013-07-03													
2013-07-04													
2013-07-07						★	★						
2013-07-09													
2013-07-14													
2013-07-15													
2013-07-19												★	★
2013-07-20													
2013-07-23													
2013-07-24													
2013-07-25													
2013-07-29								★					
2013-07-30													
2013-08-01													
2013-08-05													
2013-08-07													
2013-08-08	★												
2013-08-09									★				
2013-08-10													
2013-08-12													

伊春					齐齐哈尔									
伊春	嘉荫	乌伊岭	铁力	五营	齐齐哈尔	讷河	克山	克东	龙江	甘南	富裕	依安	拜泉	泰来
									★					
						★	★							
										★				
							★				★		★	
					★									
								★						
				★										

13

日期	大兴安岭							黑河					
	加格达奇	北极村	漠河	塔河	呼中	新林	呼玛	黑河	孙吴	逊克	五大连池	北安	嫩江
2013-08-16													
2013-08-22													
2013-09-09												★	
2014-05-18													
2014-06-07													
2014-06-08													
2014-06-10													
2014-06-11													
2014-06-24									★				
2014-06-26													
2014-07-07					★								
2014-07-08													
2014-07-11													
2014-07-13													
2014-07-17													
2014-07-19													
2014-07-20											★	★	
2014-07-21													
2014-07-23													
2014-07-31													
2014-08-06													
2014-08-14													
2014-08-19													★
2014-08-20													

伊春					齐齐哈尔									
伊春	嘉荫	乌伊岭	铁力	五营	齐齐哈尔	讷河	克山	克东	龙江	甘南	富裕	依安	拜泉	泰来
											★			
						★								
			★											
														★
	★	★												
						★	★					★	★	
★						★							★	
			★											
							★	★						
			★											

日期	大兴安岭							黑河					
	加格达奇	北极村	漠河	塔河	呼中	新林	呼玛	黑河	孙吴	逊克	五大连池	北安	嫩江
2014-08-26				★									
2014-09-08													
2014-09-09													
2015-06-07													
2015-06-17													
2015-06-18													
2015-06-22													
2015-06-28													
2015-07-03													
2015-07-10													
2015-07-12													
2015-07-13													
2015-07-20			★										
2015-07-21													
2015-07-24													
2015-07-25													
2015-07-26				★		★							
2015-08-02	★												
2015-08-07													
2015-08-08								★					
2015-08-09													
2015-08-10													
2015-08-15													
2015-08-16													

伊春					齐齐哈尔									
伊春	嘉荫	乌伊岭	铁力	五营	齐齐哈尔	讷河	克山	克东	龙江	甘南	富裕	依安	拜泉	泰来
														★
										★				
				★										
		★												
				★										
						★								
									★					
						★								
						★		★						

日期	大兴安岭							黑河					
	加格达奇	北极村	漠河	塔河	呼中	新林	呼玛	黑河	孙吴	逊克	五大连池	北安	嫩江
2015-08-17													
2015-08-18									★				
2015-08-21													
2015-08-22													
2015-08-23													
2015-08-26													
2015-08-28													
2015-09-22												★	
2016-05-03													
2016-06-10													
2016-06-16													
2016-06-17													
2016-06-21													
2016-06-30													
2016-07-08													
2016-07-12													
2016-07-24													
2016-08-06													
2016-08-21													
2016-08-29													
2016-08-30													
2016-08-31													
2016-09-05													
2016-09-06													

伊春					齐齐哈尔									
伊春	嘉荫	乌伊岭	铁力	五营	齐齐哈尔	讷河	克山	克东	龙江	甘南	富裕	依安	拜泉	泰来
										★				
	★													
			★											

日期	大兴安岭							黑河					
	加格达奇	北极村	漠河	塔河	呼中	新林	呼玛	黑河	孙吴	逊克	五大连池	北安	嫩江
2016-09-08													
2016-09-12													
2016-09-15													
2016-09-24													★
2017-05-13													
2017-06-01													
2017-06-18													★
2017-06-19													
2017-06-20													
2017-06-27													
2017-06-29													
2017-07-02													
2017-07-10													
2017-07-13													
2017-07-18													
2017-07-19													
2017-07-27													
2017-08-01													★
2017-08-02													
2017-08-03													
2017-08-05				★									
2017-08-06													
2017-08-07									★				
2017-08-12													
2017-08-24													
2017-09-05													

伊春					齐齐哈尔									
伊春	嘉荫	乌伊岭	铁力	五营	齐齐哈尔	讷河	克山	克东	龙江	甘南	富裕	依安	拜泉	泰来
									★					
		★												
													★	★
													★	
								★				★		

日期	哈尔滨												
	哈尔滨	五常	巴彦	呼兰	阿城	宾县	木兰	通河	方正	延寿	尚志	依兰	双城
2012-06-07													
2012-06-09													
2012-06-24													
2012-07-01													
2012-07-08													
2012-07-09													
2012-07-10													
2012-07-15													
2012-07-17													
2012-07-22													
2012-07-26												★	
2012-07-28												★	
2012-07-29		★		★						★	★	★	★
2012-07-30													
2012-08-08							★						
2012-08-28	★	★	★	★	★	★							★
2012-08-29													
2012-09-11													
2012-09-12													
2012-09-17													
2012-09-18													
2013-04-29													
2013-06-17			★										

庆暴雨普查结果

绥化										大庆				
绥化	海伦	明水	绥棱	青冈	望奎	安达	肇东	兰西	庆安	大庆	林甸	肇源	杜尔伯特	肇州
							★	★						
				★										
						★								
								★						
			★											
★		★		★	★	★		★		★	★		★	
★							★		★					
★									★					
★														

日期	哈尔滨												
	哈尔滨	五常	巴彦	呼兰	阿城	宾县	木兰	通河	方正	延寿	尚志	依兰	双城
2013-06-27													
2013-06-29													★
2013-07-01													
2013-07-02					★								★
2013-07-03		★											
2013-07-04													
2013-07-07													
2013-07-09													★
2013-07-14													
2013-07-15													
2013-07-19													
2013-07-20													
2013-07-23													
2013-07-24												★	
2013-07-25													
2013-07-29													
2013-07-30													
2013-08-01													
2013-08-05													
2013-08-07			★				★			★			
2013-08-08													
2013-08-09													
2013-08-10													
2013-08-12					★								

绥化										大庆				
绥化	海伦	明水	绥棱	青冈	望奎	安达	肇东	兰西	庆安	大庆	林甸	肇源	杜尔伯特	肇州
				★		★		★				★	★	★
					★									
				★			★						★	
													★	
				★										
	★	★	★											

25

日期	哈尔滨												
	哈尔滨	五常	巴彦	呼兰	阿城	宾县	木兰	通河	方正	延寿	尚志	依兰	双城
2013-08-16													
2013-08-22							★						
2013-09-09													
2014-05-18													
2014-06-07					★								
2014-06-08													
2014-06-10													
2014-06-11													
2014-06-24													
2014-06-26													
2014-07-07													
2014-07-08													
2014-07-11													
2014-07-13													
2014-07-17													
2014-07-19													
2014-07-20													
2014-07-21													
2014-07-23													
2014-07-31													
2014-08-06				★									
2014-08-14													
2014-08-19													
2014-08-20													

绥化										大庆				
绥化	海伦	明水	绥棱	青冈	望奎	安达	肇东	兰西	庆安	大庆	林甸	肇源	杜尔伯特	肇州
			★						★					
	★													
★														
				★										

27

日期	哈尔滨												
	哈尔滨	五常	巴彦	呼兰	阿城	宾县	木兰	通河	方正	延寿	尚志	依兰	双城
2014-08-26													
2014-09-08													
2014-09-09													
2015-06-07													
2015-06-17													
2015-06-18													
2015-06-22													
2015-06-28				★									★
2015-07-03													
2015-07-10													
2015-07-12													
2015-07-13													
2015-07-20													
2015-07-21													
2015-07-24													
2015-07-25				★									
2015-07-26													
2015-08-02													
2015-08-07													
2015-08-08				★									
2015-08-09													
2015-08-10										★			
2015-08-15													
2015-08-16													

绥化										大庆				
绥化	海伦	明水	绥棱	青冈	望奎	安达	肇东	兰西	庆安	大庆	林甸	肇源	杜尔伯特	肇州
											★			
			★								★			
									★					
	★													
											★			
							★							
				★							★			
											★			
												★		★

日期	哈尔滨												
	哈尔滨	五常	巴彦	呼兰	阿城	宾县	木兰	通河	方正	延寿	尚志	依兰	双城
2015-08-17													
2015-08-18													
2015-08-21													
2015-08-22													
2015-08-23													
2015-08-26													
2015-08-28													
2015-09-22													
2016-05-03													
2016-06-10													
2016-06-16													
2016-06-17													
2016-06-21							★			★			
2016-06-30													
2016-07-08													
2016-07-12													
2016-07-24								★					
2016-08-06													
2016-08-21													
2016-08-29													
2016-08-30		★											
2016-08-31													
2016-09-05													
2016-09-06													

绥化										大庆				
绥化	海伦	明水	绥棱	青冈	望奎	安达	肇东	兰西	庆安	大庆	林甸	肇源	杜尔伯特	肇州
									★					
			★											
											★			
					★									
★														
											★			
						★								
		★												

日期	哈尔滨												
	哈尔滨	五常	巴彦	呼兰	阿城	宾县	木兰	通河	方正	延寿	尚志	依兰	双城
2016-09-08													
2016-09-12													
2016-09-15													
2016-09-24													
2017-05-13													
2017-06-01													
2017-06-18													
2017-06-19													★
2017-06-20													
2017-06-27													
2017-06-29													
2017-07-02		★											
2017-07-10													
2017-07-13													
2017-07-18													
2017-07-19													
2017-07-27													
2017-08-01			★	★		★	★						
2017-08-02													
2017-08-03				★				★				★	★
2017-08-05													
2017-08-06	★							★				★	
2017-08-07													
2017-08-12													
2017-08-24													
2017-09-05													

绥化										大庆				
绥化	海伦	明水	绥棱	青冈	望奎	安达	肇东	兰西	庆安	大庆	林甸	肇源	杜尔伯特	肇州
						★								
					★									
			★											
			★											
							★							
★	★	★	★	★	★	★	★	★	★			★		★
		★									★			
			★											

日期	七台河		鸡西				牡丹江						
	七台河	勃利	鸡西	虎林	密山	鸡东	牡丹江	东宁	林口	海林	穆棱	绥芬河	宁安
2012-06-07													
2012-06-09													
2012-06-24													
2012-07-01													
2012-07-08													
2012-07-09													
2012-07-10													
2012-07-15													
2012-07-17													
2012-07-22													
2012-07-26													
2012-07-28													
2012-07-29													
2012-07-30													
2012-08-08													
2012-08-28													
2012-08-29													
2012-09-11													
2012-09-12													
2012-09-17	★	★	★		★	★	★		★	★	★	★	★
2012-09-18													
2013-04-29							★						
2013-06-17													

佳木斯、双鸭山暴雨普查结果

鹤岗			佳木斯							双鸭山				
鹤岗	萝北	绥滨	佳木斯	同江	抚远	富锦	汤原	桦川	桦南	双鸭山	宝清	饶河	集贤	友谊
									★					
						★								
★	★													
			★				★							
			★			★	★	★		★		★		
			★		★									
					★									

日期	七台河		鸡西				牡丹江						
	七台河	勃利	鸡西	虎林	密山	鸡东	牡丹江	东宁	林口	海林	穆棱	绥芬河	宁安
2013-06-27													
2013-06-29										★			
2013-07-01													
2013-07-02						★							
2013-07-03													
2013-07-04													
2013-07-07													
2013-07-09													
2013-07-14													
2013-07-15													
2013-07-19													
2013-07-20										★			
2013-07-23							★						★
2013-07-24				★	★								
2013-07-25													
2013-07-29													
2013-07-30						★							
2013-08-01													
2013-08-05													
2013-08-07									★				
2013-08-08													
2013-08-09													
2013-08-10								★					
2013-08-12													

鹤岗			佳木斯							双鸭山				
鹤岗	萝北	绥滨	佳木斯	同江	抚远	富锦	汤原	桦川	桦南	双鸭山	宝清	饶河	集贤	友谊
											★			
★														
												★		
			★							★			★	
	★													

日期	七台河		鸡西				牡丹江						
	七台河	勃利	鸡西	虎林	密山	鸡东	牡丹江	东宁	林口	海林	穆棱	绥芬河	宁安
2013-08-16													
2013-08-22													
2013-09-09													
2014-05-18													
2014-06-07													
2014-06-08													
2014-06-10													
2014-06-11													
2014-06-24													
2014-06-26													
2014-07-07													
2014-07-08													
2014-07-11													
2014-07-13						★							
2014-07-17								★					
2014-07-19													
2014-07-20													
2014-07-21													
2014-07-23													
2014-07-31													
2014-08-06													
2014-08-14													
2014-08-19													
2014-08-20													

鹤岗			佳木斯							双鸭山				
鹤岗	萝北	绥滨	佳木斯	同江	抚远	富锦	汤原	桦川	桦南	双鸭山	宝清	饶河	集贤	友谊
												★		
★					★									
								★						
													★	
								★						
				★										
									★					

日期	七台河		鸡西				牡丹江						
	七台河	勃利	鸡西	虎林	密山	鸡东	牡丹江	东宁	林口	海林	穆棱	绥芬河	宁安
2014-08-26													
2014-09-08													
2014-09-09													
2015-06-07													
2015-06-17													
2015-06-18													
2015-06-22													
2015-06-28													
2015-07-03													
2015-07-10													
2015-07-12								★					
2015-07-13				★	★							★	
2015-07-20													
2015-07-21													
2015-07-24													
2015-07-25													
2015-07-26													
2015-08-02													
2015-08-07													
2015-08-08													
2015-08-09													
2015-08-10													
2015-08-15													
2015-08-16													

续表

鹤岗			佳木斯							双鸭山				
鹤岗	萝北	绥滨	佳木斯	同江	抚远	富锦	汤原	桦川	桦南	双鸭山	宝清	饶河	集贤	友谊
			★											
												★		
												★		
								★						
				★										
					★									
												★		

41

日期	七台河		鸡西				牡丹江						
	七台河	勃利	鸡西	虎林	密山	鸡东	牡丹江	东宁	林口	海林	穆棱	绥芬河	宁安
2015-08-17													
2015-08-18													
2015-08-21							★						
2015-08-22								★				★	
2015-08-23													
2015-08-26												★	
2015-08-28					★								
2015-09-22													
2016-05-03		★	★			★			★			★	
2016-06-10													
2016-06-16													
2016-06-17													
2016-06-21													
2016-06-30													
2016-07-08													
2016-07-12													
2016-07-24													
2016-08-06													
2016-08-21													
2016-08-29													
2016-08-30													
2016-08-31												★	
2016-09-05													
2016-09-06													

鹤岗			佳木斯							双鸭山				
鹤岗	萝北	绥滨	佳木斯	同江	抚远	富锦	汤原	桦川	桦南	双鸭山	宝清	饶河	集贤	友谊
								★						
											★			
			★							★				
									★	★				
★										★				
				★										
		★								★			★	

日期	七台河		鸡西				牡丹江						
	七台河	勃利	鸡西	虎林	密山	鸡东	牡丹江	东宁	林口	海林	穆棱	绥芬河	宁安
2016-09-08													
2016-09-12													
2016-09-15													
2016-09-24													
2017-05-13												★	
2017-06-01													
2017-06-18													
2017-06-19													
2017-06-20													
2017-06-27													
2017-06-29													
2017-07-02													
2017-07-10													
2017-07-13													
2017-07-18							★			★			
2017-07-19							★	★		★			
2017-07-27													
2017-08-01												★	
2017-08-02													
2017-08-03													
2017-08-05													
2017-08-06													
2017-08-07													
2017-08-12													
2017-08-24													
2017-09-05													

续表

鹤岗			佳木斯							双鸭山				
鹤岗	萝北	绥滨	佳木斯	同江	抚远	富锦	汤原	桦川	桦南	双鸭山	宝清	饶河	集贤	友谊
	★													
	★													
	★													
	★	★												
	★				★									
											★			
	★													
	★					★								
	★			★										
	★													
	★													

45

黑龙江省大(暴)雪普查结果

日期	总站数	一类站数	大兴安岭	黑河	伊春	齐齐哈尔	哈尔滨	绥化	大庆	七台河	鸡西	牡丹江	鹤岗	佳木斯	双鸭山
2012-03-16	6	1			2				1	1	1	1			
2012-03-29	3	0			2	1									
2012-10-22	4	1												1	3
2012-11-11	14	8	2	4		5		2		1					
2012-11-12	17	10	4	4		4	1	1	1	1	1				
2012-11-13	7	1							1	2	3		1		
2012-11-27	6	5					2		4						
2012-11-28	5	3								1	2	1		1	
2012-12-03	14	5				1			3	1	1	3		1	4
2012-12-04	5	2									1	3		1	
2013-01-31	18	9			5		5	1	3	4					
2013-02-17	6	4					2		2	1	1				
2013-02-28	21	8				2	4	3	5	1				2	4
2013-03-09	12	4							4		3	2			3
2013-03-21	9	5		1	1	2			1	2	2				
2013-03-26	11	4		4	1	6									
2013-04-05	2	0											1		1
2013-11-08	6	3			2				3					1	
2013-11-14	4	1			1	3									
2013-11-16	10	4			1		1		5	1	2				
2013-11-17	37	13		2	3	3	8		13		1	2	1	2	2
2013-11-18	32	9		1	4		3		8	3	5	3	1	2	2
2013-11-19	18	6							5	1	5	2	1	1	3
2013-11-24	14	4		1					4					2	7
2014-01-29	1	1			1										
2014-02-01	5	4			2		1			2					
2014-02-26	4	3	1	3											
2014-11-12	9	4							1		3	3	1	1	
2014-11-20	4	2	1	1	2										
2014-11-30	37	13			5				8	3	5	3	2	4	7
2014-12-01	18	5			3						3	5	4	1	2
2014-12-02	2	0		1								1			
2015-02-21	35	15	5	6		7	3	2	3	1	3				
2015-02-22	18	9		6	4				4	2	2				
2015-02-26	5	3							2						3
2015-03-08	8	2												3	5

日期	总站数	一类站数	大兴安岭	黑河	伊春	齐齐哈尔	哈尔滨	绥化	大庆	七台河	鸡西	牡丹江	鹤岗	佳木斯	双鸭山
2015-03-11	3	0		1							1	1			
2015-10-26	5	4	5												
2015-11-09	3	0							2						1
2015-11-13	3	2	3												
2015-12-01	19	8				6	4	4	5						
2015-12-02	41	13			5	2	4		4	3	7	5	2	4	5
2015-12-03	21	7			5		1		6	3	5	1			
2015-12-10	5	1							2			1		2	
2015-12-14	3	3	2											1	
2016-01-05	1	1							1						
2016-01-18	24	9							6		3	3	1	4	7
2016-02-11	1	0									1				
2016-03-04	17	7	1	1		8	5	2							
2016-03-05	39	16		3	4		4		8	3	6	2	1	3	5
2016-03-07	3	2												1	2
2016-03-17	3	1	1			2									
2016-04-01	4	3	4												
2016-10-18	4	1				4									
2016-10-19	3	0									1	1	1		
2016-11-04	8	3							2						6
2016-11-07	3	1													3
2016-11-10	26	11		3		8	6	1	7						1
2016-11-11	5	3	1	1							1			1	1
2016-11-13	25	10		4	3	9	3	1			2	2	1		
2016-11-18	11	4					3	2	6						
2016-11-19	7	2											1	4	2
2016-11-30	22	6		3	2	1	4		9	1	2				
2017-01-21	1	1							1						
2017-01-26	3	1			1				1			1			
2017-02-15	5	3	3			2									
2017-02-19	3	0					1	1							1
2017-03-13	1	1										1			
2017-11-09	19	9	3	2		6	3				2				3
2017-11-10	4	1			1							1	2		
2017-11-13	5	2		1							1	3			
2017-12-09	8	3				3	4		1						
2017-12-11	7	2									3	3		1	

日期	大兴安岭							黑河					
	加格达奇	北极村	漠河	塔河	呼中	新林	呼玛	黑河	孙吴	逊克	五大连池	北安	嫩江
2012-03-16													
2012-03-29													
2012-10-22													
2012-11-11				★		★		★			★	★	★
2012-11-12	★			★	★	★		★	★	★	★		
2012-11-13													
2012-11-27													
2012-11-28													
2012-12-03													
2012-12-04													
2013-01-31								★	★		★	★	★
2013-02-17													
2013-02-28													
2013-03-09													
2013-03-21													
2013-03-26										★	★	★	★
2013-04-05													
2013-11-08													
2013-11-14													
2013-11-16													
2013-11-17											★	★	
2013-11-18										★			
2013-11-19													
2013-11-24										★			
2014-01-29													
2014-02-01													
2014-02-26	★							★	★	★			
2014-11-12													
2014-11-20			★						★				
2014-11-30													
2014-12-01													
2014-12-02										★			
2015-02-21	★			★	★	★	★	★	★	★	★	★	★
2015-02-22								★	★	★	★	★	★
2015-02-26													
2015-03-08													

齐齐哈尔大(暴)雪普查结果

伊春					齐齐哈尔									
伊春	嘉荫	乌伊岭	铁力	五营	齐齐哈尔	讷河	克山	克东	龙江	甘南	富裕	依安	拜泉	泰来
★	★													
		★		★				★						
					★		★	★					★	★	
					★				★	★					★
		★												
							★	★			★	★	★	
									★					★
		★										★		
	★				★	★	★	★		★		★		
★				★										
	★						★	★				★		
				★										
★		★	★				★	★						
★	★	★		★									★	
		★												
★		★												
	★			★										
★	★	★	★	★										
	★	★		★										
					★	★	★	★			★	★	★	
★	★	★		★										

日期	大兴安岭							黑河					
	加格达奇	北极村	漠河	塔河	呼中	新林	呼玛	黑河	孙吴	逊克	五大连池	北安	嫩江
2015-03-11										★			
2015-10-26			★	★	★	★	★						
2015-11-09													
2015-11-13			★	★	★								
2015-12-01													
2015-12-02													
2015-12-03													
2015-12-10													
2015-12-14				★		★							
2016-01-05													
2016-01-18													
2016-02-11													
2016-03-04	★											★	
2016-03-05								★	★	★			
2016-03-07													
2016-03-17	★												
2016-04-01			★	★	★	★							
2016-10-18													
2016-10-19													
2016-11-04													
2016-11-07													
2016-11-10								★				★	★
2016-11-11							★	★					
2016-11-13								★		★		★	★
2016-11-18													
2016-11-19													
2016-11-30										★	★	★	
2017-01-21													
2017-01-26													
2017-02-15								★			★	★	
2017-02-19													
2017-03-13													
2017-11-09											★	★	★
2017-11-10													
2017-11-13								★					
2017-12-09													
2017-12-11													

伊春					齐齐哈尔									
伊春	嘉荫	乌伊岭	铁力	五营	齐齐哈尔	讷河	克山	克东	龙江	甘南	富裕	依安	拜泉	泰来
					★	★			★	★	★			★
★	★	★	★	★		★		★						
★	★	★	★	★										
					★	★	★	★	★		★	★	★	
★		★	★	★										
						★				★				
								★		★	★	★		
					★	★	★		★	★	★	★	★	
★		★		★	★	★	★	★	★	★	★	★		
	★		★					★						
		★												
							★	★						
★		★				★	★	★		★		★	★	
			★											
						★					★	★		

日期	哈尔滨												
	哈尔滨	五常	巴彦	呼兰	阿城	宾县	木兰	通河	方正	延寿	尚志	依兰	双城
2012-03-16					★								
2012-03-29													
2012-10-22													
2012-11-11													
2012-11-12							★						
2012-11-13		★											
2012-11-27								★		★	★	★	
2012-11-28													
2012-12-03		★	★			★							
2012-12-04													
2013-01-31	★		★		★	★							
2013-02-17							★				★		
2013-02-28		★				★			★	★			★
2013-03-09						★			★	★			
2013-03-21												★	
2013-03-26													
2013-04-05													
2013-11-08							★	★	★				
2013-11-14													
2013-11-16			★		★	★			★			★	
2013-11-17	★	★	★	★	★	★	★	★	★	★	★	★	★
2013-11-18		★	★		★	★		★	★		★		★
2013-11-19							★	★	★	★	★		
2013-11-24		★				★				★	★		
2014-01-29													
2014-02-01													
2014-02-26													
2014-11-12												★	
2014-11-20													
2014-11-30		★				★	★	★	★	★	★	★	
2014-12-01													
2014-12-02													
2015-02-21			★				★					★	
2015-02-22		★						★	★		★		
2015-02-26										★	★		
2015-03-08													

大（暴）雪普查结果

绥化										大庆				
绥化	海伦	明水	绥棱	青冈	望奎	安达	肇东	兰西	庆安	大庆	林甸	肇源	杜尔伯特	肇州
										★	★			
	★									★				
★	★													
★											★		★	★
★									★					
★						★	★	★		★		★		★
	★		★											
★														
★	★	★	★	★	★			★	★					
★						★			★					
★														
★			★		★						★		★	

日期	哈尔滨												
	哈尔滨	五常	巴彦	呼兰	阿城	宾县	木兰	通河	方正	延寿	尚志	依兰	双城
2015-03-11													
2015-10-26													
2015-11-09													
2015-11-13													
2015-12-01	★	★			★						★		★
2015-12-02						★	★		★			★	
2015-12-03			★			★	★	★	★			★	
2015-12-10										★	★		
2015-12-14													
2016-01-05											★		
2016-01-18							★	★	★	★	★	★	
2016-02-11													
2016-03-04													
2016-03-05	★		★	★	★	★			★		★	★	
2016-03-07													
2016-03-17													
2016-04-01													
2016-10-18													
2016-10-19												★	
2016-11-04		★									★		
2016-11-07													
2016-11-10	★	★	★	★	★						★		★
2016-11-11													
2016-11-13													
2016-11-18	★		★	★		★	★					★	
2016-11-19													
2016-11-30		★	★	★	★		★	★		★	★	★	
2017-01-21												★	
2017-01-26		★											
2017-02-15													
2017-02-19		★											
2017-03-13													
2017-11-09													
2017-11-10													
2017-11-13													
2017-12-09									★				
2017-12-11													

绥化										大庆				
绥化	海伦	明水	绥棱	青冈	望奎	安达	肇东	兰西	庆安	大庆	林甸	肇源	杜尔伯特	肇州
★						★	★	★		★	★	★		★
★	★		★						★					
									★					
	★	★		★	★				★		★	★		
★			★					★	★					
★		★		★	★		★	★		★				
	★	★	★								★			
★							★	★				★		★
★			★		★				★					
												★		
	★	★			★									
★	★		★						★					

日期	七台河		鸡西				牡丹江						
	七台河	勃利	鸡西	虎林	密山	鸡东	牡丹江	东宁	林口	海林	穆棱	绥芬河	宁安
2012-03-16													
2012-03-29													
2012-10-22					★				★	★		★	
2012-11-11													
2012-11-12													
2012-11-13	★												
2012-11-27													
2012-11-28				★									
2012-12-03				★			★	★		★		★	
2012-12-04				★									
2013-01-31													
2013-02-17													
2013-02-28				★	★		★		★	★		★	
2013-03-09							★				★	★	
2013-03-21													
2013-03-26													
2013-04-05									★				
2013-11-08				★									
2013-11-14													
2013-11-16													
2013-11-17		★			★	★	★					★	
2013-11-18		★			★	★				★			★
2013-11-19		★				★	★				★		★
2013-11-24			★			★	★	★	★	★	★	★	★
2014-01-29													
2014-02-01													
2014-02-26													
2014-11-12		★			★								
2014-11-20													
2014-11-30	★	★	★	★	★	★	★	★	★	★	★	★	★
2014-12-01	★			★	★								
2014-12-02													
2015-02-21													
2015-02-22													
2015-02-26							★			★		★	
2015-03-08			★		★	★	★		★	★	★		★

木斯、双鸭山大（暴）雪普查结果

鹤岗			佳木斯							双鸭山				
鹤岗	萝北	绥滨	佳木斯	同江	抚远	富锦	汤原	桦川	桦南	双鸭山	宝清	饶河	集贤	友谊
	★				★							★		
★														
★								★						
★	★						★	★	★					
		★	★			★						★		
★		★								★		★	★	
		★		★	★	★								
★			★											
★														
			★		★		★			★			★	
★		★					★							
										★				
★			★				★							
							★			★	★			
★	★	★	★			★		★	★	★	★		★	
★			★			★	★	★	★	★			★	
★	★													
			★	★	★					★	★	★		
★	★	★	★			★	★	★	★	★	★		★	
★	★	★	★	★	★	★		★		★	★	★	★	
					★									
★		★	★	★										
★	★				★	★								

日期	七台河		鸡西				牡丹江						
	七台河	勃利	鸡西	虎林	密山	鸡东	牡丹江	东宁	林口	海林	穆棱	绥芬河	宁安
2015-03-11													
2015-10-26													
2015-11-09									★				
2015-11-13													
2015-12-01													
2015-12-02	★	★	★	★	★	★	★	★	★			★	★
2015-12-03													
2015-12-10					★	★							
2015-12-14				★									
2016-01-05													
2016-01-18		★	★	★	★	★	★	★	★	★	★	★	★
2016-02-11													
2016-03-04													
2016-03-05		★	★	★	★		★	★	★		★	★	
2016-03-07				★			★						★
2016-03-17													
2016-04-01													
2016-10-18													
2016-10-19													
2016-11-04							★	★		★	★	★	★
2016-11-07								★				★	★
2016-11-10												★	
2016-11-11				★					★				
2016-11-13													
2016-11-18													
2016-11-19		★	★	★	★	★			★		★		
2016-11-30													
2017-01-21													
2017-01-26													
2017-02-15													★
2017-02-19													
2017-03-13													
2017-11-09								★		★		★	
2017-11-10													
2017-11-13													
2017-12-09													
2017-12-11				★									

鹤岗			佳木斯							双鸭山				
鹤岗	萝北	绥滨	佳木斯	同江	抚远	富锦	汤原	桦川	桦南	双鸭山	宝清	饶河	集贤	友谊
					★							★		
★	★	★	★	★	★	★	★	★	★	★	★	★	★	★
★	★	★	★	★	★	★		★					★	
										★				
			★				★		★	★	★		★	
					★									
★	★	★	★	★	★	★	★	★			★	★		
		★					★					★		
				★										
★	★						★	★				★		
		★		★					★					
						★								
★	★													
		★				★				★		★		
		★	★	★	★									
			★	★	★					★		★	★	

黑龙江省寒潮普查结果

日期	总站数	一类站数	大兴安岭	黑河	伊春	齐齐哈尔	哈尔滨	绥化	大庆	七台河	鸡西	牡丹江	鹤岗	佳木斯	双鸭山
2012-02-06	35	11	4	1	2	3	9	5		2		1	2	4	2
2012-03-16	63	25	6	6	5	1	8	1	4	2			3	6	3
2012-03-17	27	8			3		8			2	4	7	1	1	1
2012-03-24	30	10		3	4	5	1	7	1						
2012-03-29	35	14	6	1		1	5	6	4					1	2
2012-04-10	24	5		3		5	6	7	3						
2012-10-27	34	13	1	4	2	9	6	7	5						
2012-10-28	37	15	5	3	4		9			1	3	6	2	3	1
2012-11-14	22	12	2	6	2	8		1	2				1		
2012-11-28	37	15		4	1	7	10	9	4					2	
2013-02-01	46	13	2	3	3	5	12	8	3			6	1	2	1
2013-03-01	26	9	5	2	2		5	3	5	4					
2013-03-07	63	24	2	6		8	9	9		2	3	1	3	7	4
2013-03-15	32	12	3	2	2	1	11	3	1	1	2	3		3	
2013-03-18	36	8	2	1		2	7	7			2	6		4	
2013-09-23	27	14	3	5	3	3	5	6	1					1	
2013-10-07	30	12	4	3	4		6	6		1		1		1	
2013-11-06	63	27	6	6	4	7	12	10	3	1	2		3	5	3
2014-01-01	37	12	4		4	1	11			2	4	5	2	2	2
2014-01-24	31	7	1		5		12	6		1	1	3		1	1
2014-01-30	24	9		4	5	3	6	2			1	3			
2014-02-02	36	14	3	2	4	2	13	9							
2014-02-03	27	11		5	5	3	2	2				4	3	2	1
2014-02-27	66	25	4	6	5	4	12	8	2	2	4	6	3	7	3
2014-04-14	22	11	3	4		8		1	5	1					
2014-10-12	54	21	5	1	5		13	5	2	2	4	6	3	5	3
2014-10-16	29	13	2	4	3	2	7	2			2	4	1	1	1
2014-10-19	39	15	5		3	7	6	9	5	1				1	2
2014-10-20	51	17		1	5	1	13	7	2	2	4	7	2	6	1
2014-11-12	57	20	3	3	5	1	13	7	1	2	4	6	3	6	3

日期	总站数	一类站数	大兴安岭	黑河	伊春	齐齐哈尔	哈尔滨	绥化	大庆	七台河	鸡西	牡丹江	鹤岗	佳木斯	双鸭山
2014-11-27	32	15	6	6	4						4	2	3	3	4
2015-01-26	46	17	4	3	3	4	13	10	5	1		2		1	
2015-02-07	46	17	1		3		13	4	2	2	4	7	2	6	2
2015-02-23	24	9		3	2	4	4	10	1						
2015-03-01	21	8		4		2	8	5				1		1	
2015-03-07	26	10	2	4	4		8	2		1		3	1	1	
2015-10-17	57	19	2	2	5	9	10	10	4	2			3	7	3
2015-10-23	41	17	2	6	5	3	7	6	1	2			2	4	3
2015-11-04	64	27	6	6	5	10	13	10	5	1		1	2	3	2
2015-11-15	69	25	5	5	5	6	13	9	1	2	3	6	3	7	4
2015-12-05	33	13	3		2	4	13	5	2			1	3		
2015-12-10	57	21		2	5	7	13	9	5	2	4	6		1	3
2015-12-23	40	13	1	6	4	6	10	9	2	1				1	
2016-01-02	20	7			1		3	3		1	1	7	1	2	1
2016-01-13	24	7	4	2	2	2	6	1				1	2	3	1
2016-02-12	24	11	5	6	4	1	5	2		1					
2016-02-13	47	17	3	3	5	2	7	9	4	1	1		3	6	3
2016-03-13	23	12	6	2	3		1				1		3	5	2
2016-04-07	42	15	1	2	2		13	9	2	1	4		1	4	3
2016-11-11	23	11	4	3	1	6	5	4							
2016-12-04	75	30	5	6	5	7	13	10	4	1	4	6	3	7	4
2016-12-23	24	7			1	1	9	6				4	1		2
2016-12-26	40	14	3	2	5	1	6	5			4	7	1	5	1
2017-02-16	41	14	1	4	4	6	11	7		1		1	3	1	2
2017-02-17	32	10	4	2	1	2	12	6	1		1	3			
2017-02-22	29	10		2	4	5	7	7	4						
2017-02-28	23	10	5	4	2	4	5	1						1	1
2017-03-01	39	16	3	2	5	1	8	2		1	1	3	3	7	3
2017-09-26	30	12		3		9	6	9	2						
2017-11-10	21	11	6	3	1	5	2	4							
2017-11-28			3	5	7	12	10	2	1	3	4	1	3	2	

日期	大兴安岭							黑河					
	加格达奇	北极村	漠河	塔河	呼中	新林	呼玛	黑河	孙吴	逊克	五大连池	北安	嫩江
2012-02-06	★			★	★	★							★
2012-03-16	★		★	★	★	★	★	★	★	★	★	★	★
2012-03-17											★	★	★
2012-03-24													★
2012-03-29	★		★	★	★	★	★						
2012-04-10											★	★	★
2012-10-27			★						★				
2012-10-28	★		★	★	★	★		★	★	★			
2012-11-14	★		★					★	★			★	★
2012-11-28									★		★	★	★
2013-02-01				★		★					★		
2013-03-01	★			★	★	★	★				★		
2013-03-07	★		★					★		★	★	★	★
2013-03-15	★				★		★				★		
2013-03-18			★			★					★		
2013-09-23	★					★	★	★		★	★	★	★
2013-10-07	★				★				★	★	★		★
2013-11-06	★		★	★	★	★	★				★		★
2014-01-01				★	★	★	★						
2014-01-24				★									
2014-01-30									★		★		★
2014-02-02	★					★	★				★	★	
2014-02-03								★	★	★	★	★	★
2014-02-27	★		★			★	★		★	★		★	
2014-04-14	★		★				★		★	★		★	
2014-10-12	★		★	★	★	★				★		★	
2014-10-16	★					★			★				★
2014-10-19	★		★	★	★	★							
2014-10-20										★			
2014-11-12			★	★	★				★			★	★
2014-11-27	★		★	★	★	★	★	★	★	★	★	★	★
2015-01-26	★		★	★	★					★	★	★	
2015-02-07			★										
2015-02-23												★	★	★
2015-03-01								★	★	★			★

齐齐哈尔寒潮普查结果

伊春					齐齐哈尔									
伊春	嘉荫	乌伊岭	铁力	五营	齐齐哈尔	讷河	克山	克东	龙江	甘南	富裕	依安	拜泉	泰来
		★	★	★			★						★	
★	★	★	★	★	★	★	★	★	★	★	★	★	★	★
★	★		★											
★		★	★	★	★		★	★				★	★	
					★	★	★	★	★	★	★	★	★	★
						★	★	★				★	★	
		★		★	★	★	★	★	★		★	★	★	★
	★	★	★	★										
	★	★			★	★	★		★		★	★	★	★
		★			★	★	★	★				★	★	★
	★	★	★	★	★	★	★					★		★
		★	★	★	★	★							★	★
★	★	★	★	★	★	★	★	★			★	★		★
		★	★		★									
★	★		★									★	★	
★		★	★				★							★
★	★	★	★									★	★	
★		★	★			★	★	★			★	★	★	★
	★	★	★	★									★	
★	★	★	★	★										
						★	★					★		
★		★	★	★				★						★
★	★	★	★			★	★							★
★	★	★	★	★		★	★						★	
					★	★		★	★		★	★	★	★
★	★	★				★	★							
★		★	★		★			★	★		★	★	★	★
★	★	★	★	★				★						★
★	★	★		★										
★			★	★		★		★					★	★
★		★	★											
		★	★			★	★	★					★	
					★							★		

日期	大兴安岭							黑河					
	加格达奇	北极村	漠河	塔河	呼中	新林	呼玛	黑河	孙吴	逊克	五大连池	北安	嫩江
2015-03-07			★		★			★	★	★	★		
2015-10-17					★	★		★			★		
2015-10-23	★		★					★	★	★	★	★	★
2015-11-04	★		★	★	★	★	★	★	★	★	★	★	★
2015-11-15	★		★	★	★	★		★	★	★	★	★	
2015-12-05			★		★	★							
2015-12-10											★	★	
2015-12-23					★			★	★	★	★	★	★
2016-01-02													
2016-01-13			★		★	★	★				★		
2016-02-12	★			★	★	★	★	★	★	★	★	★	★
2016-02-13			★	★			★	★			★		
2016-03-13	★		★	★	★	★	★	★			★		
2016-04-07							★	★	★				
2016-11-11	★		★		★	★					★	★	★
2016-12-04	★			★	★	★	★	★	★	★	★	★	★
2016-12-23													
2016-12-26	★					★	★		★		★		
2017-02-16	★										★	★	★
2017-02-17	★		★		★	★					★		★
2017-02-22											★		★
2017-02-28			★	★	★	★	★		★		★	★	
2017-03-01				★		★	★	★			★		
2017-09-26											★	★	★
2017-11-10	★		★	★	★	★	★				★	★	★
2017-11-28									★			★	★

伊春					齐齐哈尔									
伊春	嘉荫	乌伊岭	铁力	五营	齐齐哈尔	讷河	克山	克东	龙江	甘南	富裕	依安	拜泉	泰来
★	★		★	★										
★	★	★	★	★	★		★	★	★	★	★	★	★	★
★	★	★	★	★				★					★	★
★	★	★	★		★	★	★	★	★	★	★	★	★	★
★	★	★	★	★			★	★	★			★		★
★			★		★			★	★					★
★	★	★	★	★		★	★	★			★	★	★	★
	★	★	★	★		★	★	★				★	★	★
	★													
		★		★	★						★			
	★	★	★	★	★									
★	★	★	★	★			★						★	
	★	★		★										
		★		★										
		★			★	★	★					★	★	★
★	★	★	★	★	★	★	★	★				★	★	★
		★					★							
★	★		★	★		★								
★		★	★	★		★	★	★	★			★	★	
		★				★							★	
★		★	★	★	★	★						★	★	★
★		★				★		★			★	★		
★	★	★	★	★									★	
		★			★		★	★	★	★	★	★		★
		★				★		★			★	★		
★	★	★	★	★	★	★	★	★				★	★	★

日期	哈尔滨												
	哈尔滨	五常	巴彦	呼兰	阿城	宾县	木兰	通河	方正	延寿	尚志	依兰	双城
2012-02-06		★	★	★	★	★	★		★	★	★		
2012-03-16	★	★	★	★	★	★	★						★
2012-03-17		★			★	★	★	★	★	★	★		
2012-03-24		★	★	★	★	★	★	★	★	★	★		
2012-03-29	★		★	★		★							★
2012-04-10		★	★	★	★	★							★
2012-10-27	★	★		★	★	★	★						
2012-10-28			★			★	★	★	★	★	★	★	
2012-11-14													
2012-11-28	★		★	★	★	★	★	★	★	★	★		
2013-02-01	★	★	★	★	★	★	★						★
2013-03-01	★	★	★										
2013-03-07	★	★	★		★	★	★	★					★
2013-03-15	★	★	★		★				★	★	★		
2013-03-18			★	★		★	★		★	★	★		
2013-09-23		★	★	★	★								★
2013-10-07		★				★							★
2013-11-06	★	★	★	★	★	★	★	★	★	★	★		★
2014-01-01		★	★	★	★	★	★	★	★	★	★		★
2014-01-24	★	★	★	★	★	★	★	★	★	★	★		★
2014-01-30			★				★	★	★				
2014-02-02	★	★	★	★	★	★	★	★	★	★	★	★	★
2014-02-03								★			★		
2014-02-27		★	★	★	★	★	★	★	★	★	★	★	★
2014-04-14	★												
2014-10-12	★	★	★	★	★	★	★		★	★	★	★	★
2014-10-16			★	★		★	★	★	★	★	★		
2014-10-19	★	★		★	★	★							★
2014-10-20	★	★							★	★	★	★	
2014-11-12	★	★	★	★	★	★	★	★	★	★	★	★	
2014-11-27													
2015-01-26	★	★	★	★		★	★	★	★	★	★	★	★
2015-02-07	★	★	★	★	★	★	★	★	★	★	★	★	★
2015-02-23			★	★			★	★					
2015-03-01			★	★			★	★	★	★	★	★	

庆寒潮普查结果

绥化										大庆				
绥化	海伦	明水	绥棱	青冈	望奎	安达	肇东	兰西	庆安	大庆	林甸	肇源	杜尔伯特	肇州
★				★			★	★	★					
★	★	★	★		★	★	★	★	★	★	★		★	★
★		★		★	★		★	★	★		★			
		★		★	★	★	★	★		★	★		★	★
		★	★	★	★		★	★	★		★	★		★
★		★		★	★	★	★	★	★	★				★
						★							★	★
★		★	★	★	★	★	★	★	★		★	★		★
★			★	★	★		★	★	★			★	★	★
			★	★			★	★	★		★	★	★	★
★	★	★	★	★	★		★	★	★	★	★	★	★	
					★		★							★
	★		★	★	★		★	★	★					
★	★		★		★			★	★					★
★	★		★			★	★		★					★
★	★	★	★	★	★	★	★	★	★		★	★		★
★			★		★		★	★	★					
			★						★					
★		★	★	★	★	★	★	★	★	★		★		★
			★						★					
★	★		★	★		★	★	★	★			★		★
		★		★			★	★	★		★			
★			★			★		★				★		★
	★		★								★			★
★		★	★	★	★	★	★	★	★	★			★	★
★			★		★	★	★	★	★			★		★
★	★		★		★		★	★	★					★
★	★	★	★	★	★	★	★	★	★	★	★	★	★	★
					★	★	★	★	★			★		★
★	★	★	★	★	★	★	★	★		★				
		★		★	★		★	★						

日期	哈尔滨												
	哈尔滨	五常	巴彦	呼兰	阿城	宾县	木兰	通河	方正	延寿	尚志	依兰	双城
2015-03-07		★	★				★	★	★	★	★	★	
2015-10-17	★	★	★	★	★	★			★	★		★	★
2015-10-23	★	★	★	★		★			★			★	
2015-11-04	★	★	★	★	★	★	★	★	★	★	★	★	★
2015-11-15	★	★	★	★	★	★	★	★	★	★	★	★	★
2015-12-05	★	★	★	★	★	★	★	★	★	★	★	★	★
2015-12-10	★	★	★	★	★	★	★	★	★	★	★	★	★
2015-12-23	★	★	★	★	★	★				★	★		★
2016-01-02							★	★		★			
2016-01-13			★		★	★				★	★		★
2016-02-12	★	★			★	★							★
2016-02-13	★		★	★	★	★						★	★
2016-03-13												★	
2016-04-07	★	★	★	★	★	★	★	★	★	★	★	★	★
2016-11-11			★				★	★		★	★		
2016-12-04	★	★	★	★	★	★	★		★	★	★	★	★
2016-12-23	★	★	★		★	★	★			★	★		★
2016-12-26		★			★	★	★			★	★		
2017-02-16		★	★	★	★	★	★	★	★	★	★		
2017-02-17		★	★	★	★	★	★	★	★	★	★	★	
2017-02-22	★	★	★	★	★	★							★
2017-02-28		★	★		★	★							★
2017-03-01				★	★		★	★	★	★		★	★
2017-09-26	★	★	★	★	★								★
2017-11-10			★							★			
2017-11-28	★	★	★	★	★	★	★		★	★	★	★	★

绥化										大庆				
绥化	海伦	明水	绥棱	青冈	望奎	安达	肇东	兰西	庆安	大庆	林甸	肇源	杜尔伯特	肇州
			★						★					
★	★	★	★	★	★	★	★	★	★	★	★	★		★
	★	★			★		★	★	★				★	
★	★	★	★	★	★	★	★	★	★	★	★	★	★	★
★	★	★	★	★	★		★	★	★			★		
			★	★	★		★	★				★		★
★	★	★	★		★	★	★	★	★	★	★	★	★	★
★	★	★	★	★	★		★	★	★			★		★
			★				★		★					
							★		★					
★									★					
★	★	★	★	★	★		★	★	★			★		★
★	★		★	★	★	★	★	★	★			★		★
	★		★		★		★	★	★		★	★		★
	★		★		★		★		★					
	★		★		★			★	★					
	★	★	★	★	★				★					
	★		★		★		★	★	★		★			
	★	★		★	★	★		★	★		★	★	★	★
★														
	★		★											
★	★	★	★	★	★		★	★	★			★		★
	★	★						★	★					
★	★	★	★	★	★	★	★	★	★			★		★

日期	七台河	勃利	鸡西	虎林	密山	鸡东	牡丹江	东宁	林口	海林	穆棱	绥芬河	宁安
2012-02-06	★	★										★	
2012-03-16	★	★											
2012-03-17	★	★	★	★	★	★	★	★	★	★	★	★	★
2012-03-24													
2012-03-29													
2012-04-10													
2012-10-27													
2012-10-28		★	★	★	★		★	★	★	★	★		★
2012-11-14													
2012-11-28													
2013-02-01							★	★		★	★	★	★
2013-03-01													
2013-03-07	★	★	★	★	★							★	
2013-03-15	★		★			★			★	★		★	
2013-03-18			★			★	★	★	★	★	★		★
2013-09-23													
2013-10-07		★										★	
2013-11-06		★	★		★		★						
2014-01-01	★	★	★	★	★	★	★		★	★	★		★
2014-01-24		★		★					★		★		★
2014-01-30				★			★			★			★
2014-02-02													
2014-02-03							★			★	★		★
2014-02-27	★	★	★	★	★	★	★		★	★	★	★	★
2014-04-14													
2014-10-12	★	★	★	★	★	★	★		★	★	★	★	
2014-10-16			★		★		★			★			★
2014-10-19		★											
2014-10-20	★	★	★	★	★	★	★	★	★	★	★	★	★
2014-11-12	★	★	★	★	★	★	★		★	★	★	★	★
2014-11-27			★	★	★	★			★		★		
2015-01-26		★							★			★	
2015-02-07	★	★	★	★	★	★	★		★	★	★	★	★
2015-02-23													
2015-03-01													★

佳木斯、双鸭山寒潮普查结果

鹤岗			佳木斯							双鸭山				
鹤岗	萝北	绥滨	佳木斯	同江	抚远	富锦	汤原	桦川	桦南	双鸭山	宝清	饶河	集贤	友谊
★		★	★	★			★	★		★			★	
★	★	★	★	★		★	★	★	★	★	★		★	
	★				★							★		
					★					★			★	
★	★		★		★		★					★		
	★													
			★				★							
	★						★		★			★		
★	★	★	★	★	★	★	★	★	★	★	★	★	★	
							★	★	★					
			★				★	★	★					
			★											
									★					
★	★	★	★		★		★	★	★	★	★		★	
★	★	★						★			★	★		
									★		★			
★	★	★	★				★	★				★		
★	★	★	★	★	★	★	★	★	★		★	★	★	
★	★	★					★			★	★	★		★
		★							★		★			
★					★	★	★	★	★			★		
★	★	★	★	★		★	★	★	★	★		★	★	★
★	★	★				★	★	★	★	★	★	★	★	★
									★					
★	★		★	★		★	★	★	★		★	★		
							★							

日期	七台河		鸡西				牡丹江						
	七台河	勃利	鸡西	虎林	密山	鸡东	牡丹江	东宁	林口	海林	穆棱	绥芬河	宁安
2015-03-07	★						★		★		★		
2015-10-17	★	★											
2015-10-23	★	★											
2015-11-04		★					★						
2015-11-15	★	★	★		★	★	★		★	★	★	★	★
2015-12-05					★			★		★			★
2015-12-10	★	★	★		★	★	★		★	★	★	★	★
2015-12-23		★											
2016-01-02		★			★		★	★	★	★	★	★	★
2016-01-13											★		
2016-02-12		★											
2016-02-13		★			★								
2016-03-13				★									
2016-04-07		★					★			★	★		★
2016-11-11													
2016-12-04		★	★	★	★	★	★		★	★	★	★	★
2016-12-23									★	★	★		★
2016-12-26			★	★	★	★	★	★	★	★	★	★	★
2017-02-16		★										★	
2017-02-17					★		★			★			★
2017-02-22													
2017-02-28													
2017-03-01		★		★			★		★			★	
2017-09-26													
2017-11-10													
2017-11-28		★	★	★	★		★		★			★	★

鹤岗			佳木斯							双鸭山				
鹤岗	萝北	绥滨	佳木斯	同江	抚远	富锦	汤原	桦川	桦南	双鸭山	宝清	饶河	集贤	友谊
★							★							
★	★	★	★	★	★	★	★	★	★	★	★		★	
★		★	★	★		★		★		★	★		★	
★		★	★				★	★		★			★	
★	★	★	★	★	★	★	★	★	★	★	★	★	★	
			★							★	★	★		
									★					
★			★					★			★			
	★	★		★		★		★			★			
★	★	★	★		★	★	★	★	★	★	★		★	
★	★	★	★	★		★					★	★		
★			★				★	★	★	★	★		★	
★	★	★	★	★	★	★	★	★	★		★	★		
★											★	★		
★			★	★		★	★	★				★		
★	★	★	★							★	★			
			★										★	
★	★	★	★	★	★	★	★	★	★	★	★		★	
		★	★				★		★	★			★	

黑龙江省雨夹雪普查结果

日期	总站数	一类站数	大兴安岭	黑河	伊春	齐齐哈尔	哈尔滨	绥化	大庆	七台河	鸡西	牡丹江	鹤岗	佳木斯	双鸭山
2012-03-16	27	11			3		9	3	1	2	2	1		3	3
2012-03-29	18	14		2		4	2	5	2				2	1	
2012-03-30	12	2					1			2	1		1	4	3
2012-04-12	11	4					6	1	1			3			
2012-10-13	12	7	6			6									
2012-10-16	18	10		6	2	8	1	1							
2012-10-17	10	6			2		1	3	1					1	2
2012-11-08	21	7		2	2		1			2			2	7	4
2012-11-09	14	6		1	1							1	3	5	3
2012-11-11	28	13		1	3	1	8	8	1				2	1	3
2012-11-12	36	15			2	1	10	6		2	2	5	1	4	3
2012-11-13	17	9			2	1		4				3		2	4
2013-04-05	22	8					8	1	1	1	4	4		2	1
2013-04-09	31	15	2	4	2		6			1	3	5	1	4	3
2013-04-10	44	20	3	5	3	5	8	7	2		2	2	1	4	2
2013-04-11	30	14			3	1	7	5	1		2	3	1	3	4
2013-04-12	10	8	5	5											
2013-04-13	19	12	3	5	2	1	3			1	1	2		1	
2013-04-14	22	9		3	2		4	2		1		3	1	4	2
2013-04-15	11	3	2		1		4						1	1	2
2013-04-17	19	13	5	3	2	2	3						1	1	2
2013-04-18	36	19	3	6	5	1	7	1			2	3	2	4	2
2013-04-19	14	7	1	1	1		3				3	2		1	1
2013-10-14	19	6		1	5	5		3						1	2
2013-10-24	15	8					9		2	1	1	1		1	
2013-10-25	30	10					10			1	4	5	2	5	3
2013-11-06	21	11			3	5	8	1	2				1	1	
2014-03-17	18	6					7			1	2	4	2		2

日期	总站数	一类站数	大兴安岭	黑河	伊春	齐齐哈尔	哈尔滨	绥化	大庆	七台河	鸡西	牡丹江	鹤岗	佳木斯	双鸭山
2014-04-02	14	6	1		1		3			2	1	2		2	2
2014-09-29	11	4					2			2	1	6			
2014-10-26	35	13		4	2	3	9	1	3			1	3	5	4
2014-11-12	10	2					1	2		1	2	2		2	
2015-02-21	14	4					7	4				1		1	1
2015-03-28	13	6	4		1	1							1	3	3
2015-04-04	10	4					3	2	1	1	1			2	
2015-04-05	16	3					6	1		1	3	1		1	
2015-04-09	12	8	1	4	1	1	1					1		1	2
2015-04-10	12	3		1	3	1						1	2	2	2
2015-10-26	11	6	1	4		5			1						
2015-12-10	13	4					2			2	3	6			
2016-03-05	20	6					6	1	1	1	4	2	1	2	2
2016-03-18	28	11		3	4	1	8	4		1			1	5	1
2016-04-10	11	7		1	4		1				1		1	2	1
2016-10-19	19	8		1	1	3	3		1	1	1			4	3
2016-10-21	10	3	1				4	2	1				1	1	
2017-03-12	14	6					5	1	2	1	3	1			1
2017-03-13	24	10		1			8			1	4	2	1	3	4
2017-03-20	14	6		1		2	2	3				2	1	1	2
2017-05-06	13	5	2	1	1	6	1	1	1						
2017-11-07	12	5					1		2	1			2	5	1
2017-11-09	12	4				3	5		1	3					
2017-11-10	27	11	2	1			10	2	2	1	3	2		3	1
2017-11-13	11	5								1	4	3		2	1
2017-11-28	13	5	1	1			6				2	1			2

日期	大兴安岭							黑河					
	加格达奇	北极村	漠河	塔河	呼中	新林	呼玛	黑河	孙吴	逊克	五大连池	北安	嫩江
2012-03-16													
2012-03-29									2			2	
2012-03-30													
2012-04-12													
2012-10-13	2		2	2	2	3	3						
2012-10-16								2	2	2	2	2	2
2012-10-17													
2012-11-08								2			1		
2012-11-09								3					
2012-11-11									2				
2012-11-12													
2012-11-13													
2013-04-05													
2013-04-09					3	3		3	3	1		3	
2013-04-10				1	3	3			2	2	3	2	3
2013-04-11													
2013-04-12	3		3	3	3	3		1	3		3	2	3
2013-04-13			3		3	3		3	3		3	3	3
2013-04-14								3	3		3		
2013-04-15					3	3							
2013-04-17	3		3	2	3	3		3				3	3
2013-04-18	3				3	3		1	3	2	3	1	1
2013-04-19					3				3				
2013-10-14					3								
2013-10-24													
2013-10-25													
2013-11-06											2	3	2

哈尔雨夹雪普查结果

| 伊春 | | | | | 齐齐哈尔 | | | | | | | | | |
伊春	嘉荫	乌伊岭	铁力	五营	齐齐哈尔	讷河	克山	克东	龙江	甘南	富裕	依安	拜泉	泰来
2	3		2		2					3		2	2	
						1	2			3	3	3	3	
		3	2		2	2	2	2	2	2	2	2		
3			1											
3		3												
	1													
2			1	3							2			
3		2									1			
3		3									2			
3		3												
3		3		3	3			3		3			1	2
3			3	3										3
3			1									3		
3			3											
			1											
3		3										3	2	
3	1	1	3	1								1		
3														
3	3	3	3	3		3	2	3				3	3	
3	2	3	2	3	3		3	3	2	3	3	3	2	

日期	大兴安岭							黑河					
	加格达奇	北极村	漠河	塔河	呼中	新林	呼玛	黑河	孙吴	逊克	五大连池	北安	嫩江
2014-03-17													
2014-04-02							3						
2014-09-29													
2014-10-26								2	3	3	2		
2014-11-12													
2015-02-21													
2015-03-28	1			3		3	1						
2015-04-04													
2015-04-05													
2015-04-09						3		3			1	3	3
2015-04-10													3
2015-10-26	1							1			1	1	1
2015-12-10													
2016-03-05													
2016-03-18									3	3		3	
2016-04-10												3	
2016-10-19													
2016-10-21						3							
2017-03-12													
2017-03-13											3		
2017-03-20												1	
2017-05-06					3	1							3
2017-11-07													
2017-11-09													
2017-11-10						3	3				1		
2017-11-13													
2017-11-28	3									3			

| 伊春 | | | | | 齐齐哈尔 | | | | | | | | | |
伊春	嘉荫	乌伊岭	铁力	五营	齐齐哈尔	讷河	克山	克东	龙江	甘南	富裕	依安	拜泉	泰来
3														
3				2		2					3	3		
3						2								
3							2							
	1	1		1					1					
						1	1				1	1		1
3		3	3	3				3						
3	1		2	3										
			2		3									
							3	3						
				3	3	3			3	3	3	3		
									3					
					3				3		3			

79

日期	哈尔滨												
	哈尔滨	五常	巴彦	呼兰	阿城	宾县	木兰	通河	方正	延寿	尚志	依兰	双城
2012-03-16	1	2	1					1	1	2	2	1	2
2012-03-29								2			2		
2012-03-30					3								
2012-04-12				2	3	2					2	2	2
2012-10-13													
2012-10-16								2					
2012-10-17									2				
2012-11-08												3	
2012-11-09													
2012-11-11	2		1			2		1	2		2	2	1
2012-11-12	3	3	3		2	1		3	3	2	2		3
2012-11-13													
2013-04-05	3	3	3			3	1		3	3	3		
2013-04-09	1				1			3		1	3		2
2013-04-10		1	3			2	3	3	3		3	1	
2013-04-11	3	3	3		3		3				3	3	
2013-04-12													
2013-04-13		3							3		3		
2013-04-14		3	3	3							3		
2013-04-15		3				1		2		1			
2013-04-17													
2013-04-18	3		2					3	3		2	3	3
2013-04-19			1								3	1	
2013-10-14													
2013-10-24	3		3		3	3	3	3	3		3	3	
2013-10-25	1		1		1	3	1	3	3	3	3	3	
2013-11-06												2	

雨夹雪普查结果

绥化										大庆				
绥化	海伦	明水	绥棱	青冈	望奎	安达	肇东	兰西	庆安	大庆	林甸	肇源	杜尔伯特	肇州
	3					3			1			2		
2	2	2	3			2							2	2
						2								3
		2												
2	1								2	3				
3	2		3	3	1	1	3		1		1			2
2		2				2	1	1	1					3
	1		1			2	1							3
						3								3
3		3	3		2	3	2	3					3	3
3					3	3	2	3						1
			3		3									
3		2			2									
1														
	3		2						2					
												1		3
	3	2												

日期	哈尔滨												
	哈尔滨	五常	巴彦	呼兰	阿城	宾县	木兰	通河	方正	延寿	尚志	依兰	双城
2014-03-17		1			2		2		3	3	3	3	
2014-04-02								3	3			3	
2014-09-29										2	3		
2014-10-26		1			3		3	3	3	3	3	3	3
2014-11-12											3		
2015-02-21	3	3			1	3				3	3		3
2015-03-28													
2015-04-04						1				1	2		
2015-04-05					3	3		3		3	2		3
2015-04-09				3									
2015-04-10													
2015-10-26													
2015-12-10		2									2		
2016-03-05			3	1		3				2	3		3
2016-03-18			2	3		2	3	2	3	1		3	
2016-04-10													
2016-10-19								3	3			3	
2016-10-21				1	1						1		3
2017-03-12		1				1			1	1	3		
2017-03-13	3		3			3		2	3		3	3	2
2017-03-20										3	3		
2017-05-06										3			
2017-11-07													
2017-11-09	1			1	1	3							1
2017-11-10		3	3		3		3	3	3	3	3	3	3
2017-11-13													
2017-11-28			3					2	3	3	3	3	

82

绥化										大庆				
绥化	海伦	明水	绥棱	青冈	望奎	安达	肇东	兰西	庆安	大庆	林甸	肇源	杜尔伯特	肇州
														3
	3									2		1		3
			2				2			3				
				3	3	1	3							
3									1					3
												3		
											1			
							2							3
	3		3			2			3					
		1												
	3		2						2					
	3						1					1		
						3						1		3
		2		1			2							
		1									3			
		2				2							1	
			1								1		1	2
3	3										2	3		

日期	七台河		鸡西				牡丹江						
	七台河	勃利	鸡西	虎林	密山	鸡东	牡丹江	东宁	林口	海林	穆棱	绥芬河	宁安
2012-03-16	3	3	3	1			3						3
2012-03-29													
2012-03-30	2	2		2									
2012-04-12										2	2	3	
2012-10-13													
2012-10-16													
2012-10-17													
2012-11-08	3	3		2									
2012-11-09				2									
2012-11-11										2		1	
2012-11-12	2	3	2	2			2		2	2		3	2
2012-11-13				2	2	1							
2013-04-05		2	2	3	2	3	2			3	3		3
2013-04-09		3	3	3	1		3		1	3	3		3
2013-04-10			1	1			3						3
2013-04-11				3		3	1			3	3		
2013-04-12													
2013-04-13		3		1			2					1	
2013-04-14		2					3			3			
2013-04-15													
2013-04-17													
2013-04-18				3	2		2			2		1	
2013-04-19			3	3	1			2				3	
2013-10-14													
2013-10-24		3	3									3	
2013-10-25		3	3	3	3	3	3			3	1	3	3
2013-11-06													3

木斯、双鸭山雨夹雪普查结果

鹤岗			佳木斯							双鸭山				
鹤岗	萝北	绥滨	佳木斯	同江	抚远	富锦	汤原	桦川	桦南	双鸭山	宝清	饶河	集贤	友谊
		3	3						3	2	2		3	
3	3		2											
		2	3						3	1	2		2	2
		2								2	2			
	1	2	3	2	3	2	1	3	3	3	3		3	
1	3	1	1	1	3	1		3		3	2		3	
		3	2	2			3							
		2	3			2	2		2	3	3		2	
		1	2			2				3	2	2	3	
			3					2			2			
		3	3	3	3	3				3	3	2		
		3	3	3		3	2				3	3		
		3	3	3		3				2	1	1	3	
				3										
	3	3		3	3			2			3	3		
	2			3						2		3		
	2			1						2	1			
	3	2	3	3	3					1	3	3		
	3			2						3				
	3		3			2				2			3	
		3												
	3	3	3	3	3	3	1			3	3		3	
		3												

日期	七台河		鸡西				牡丹江						
	七台河	勃利	鸡西	虎林	密山	鸡东	牡丹江	东宁	林口	海林	穆棱	绥芬河	宁安
2014-03-17	1	3	3	3	2	3					3		3
2014-04-02	3	3	3								3		2
2014-09-29	2	1	3				3		3	3	3	3	3
2014-10-26										2			
2014-11-12	2		3		2			2			2		
2015-02-21		3											
2015-03-28													
2015-04-04	3	3											
2015-04-05	2	3		1	1	3		1			1		
2015-04-09			3										
2015-04-10								3					
2015-10-26													
2015-12-10	2	3	2		3	2	3	3	3	2	2	3	
2016-03-05		3	1	3	1	1	3		1				
2016-03-18		2											
2016-04-10				3									
2016-10-19		3		3									
2016-10-21													
2017-03-12		3	3		2	1						3	
2017-03-13		3	3	3	3	3	3				3		
2017-03-20							3					3	
2017-05-06													
2017-11-07													
2017-11-09													
2017-11-10		3		3	3	3					1	2	
2017-11-13		3	3	3	1	1				1	3	3	
2017-11-28			2		1				1				

鹤岗			佳木斯							双鸭山				
鹤岗	萝北	绥滨	佳木斯	同江	抚远	富锦	汤原	桦川	桦南	双鸭山	宝清	饶河	集贤	友谊
										3	3			
		3					3			3		1		
2	3	2	3	2	3	2		3		3	1	2		3
		3							2					
								3		3				
	2	2			3	2			3	3			3	
		3				1								
					3					3				
	2	3	1											
1	2		1	3						3	2			
		1	3						1	1			1	
3			3	1		3	1	1						3
1			3		2						1			
	3	3					2		3	3	3	3	3	
							3				3			1
1	3	3	3			3	3	3						3
		3	3						3			3		
		3							1		2			
													1	1

黑龙江省大风普查结果

日期	总站数	一类站数	大兴安岭	黑河	伊春	齐齐哈尔	哈尔滨	绥化	大庆	七台河	鸡西	牡丹江	鹤岗	佳木斯	双鸭山
2012-02-20	18	8		1	1		1			1	4	3	2	3	2
2012-03-19	12	4								2	3	4		2	1
2012-03-29	25	11		3		9	7	1			2	1		2	
2012-03-30	21	7		2		2	4	2		1	3	4		3	
2012-04-08	21	6				1	1	3	2	1	1	2		1	
2012-04-11	22	7		1	2	1	6			1	1		3	5	2
2012-04-13	26	14	3	2	3	1	5	9	2					1	
2012-04-28	29	11			1	1	1	5	2		2	1		4	1
2012-04-29	12	6		1			2			1	2	2		3	1
2012-05-22	15	4		5	2	1	1	4	2						
2012-08-29	20	7			2		6	1		1	2	5		2	1
2012-12-04	11	6					1				2	4		2	
2013-03-07	29	13	2	1	2		3			2	4	5	2	5	3
2013-03-10	13	6					2			1	3	5		1	1
2013-03-17	10	3		1	1	2	3				2				
2013-03-27	14	8			3		4				2		1	3	1
2013-04-03	24	13	1		1	1	7	4		1	3	3		2	1
2013-04-13	16	5				2	4	2	4		2	1		1	
2013-04-29	11	5		2	2		6	1							
2013-05-30	14	7			1		4			1	4	2		1	1
2013-05-31	23	9	1	2		5	4	6	4		1				
2013-10-14	13	7	1				2	1		1	2	1	2	3	
2014-02-02	28	10				2	9	2	2		3	7		1	1
2014-04-14	16	8	2	2	3	3	3	1	1						1
2014-04-15	20	10	1	1	2		2	1		2	3	3	3	3	1
2014-05-03	15	9	1	1	1	0	1	1	0	2	1	2	2	3	0
2014-10-19	21	10			1		8	4	2		1	1	1	2	
2014-10-26	36	14	1	2	2	5	7	5	1	1	2	3	1	5	2

日期	总站数	一类站数	大兴安岭	黑河	伊春	齐齐哈尔	哈尔滨	绥化	大庆	七台河	鸡西	牡丹江	鹤岗	佳木斯	双鸭山
2014-11-13	19	8	1				2	1		2	3	2	3	3	1
2014-12-01	24	13	1	2	1	2	2	1	2	1	4	4	2	2	1
2014-12-02	27	11	1	1		2	4	3		2	3	4	3	3	1
2015-03-10	12	5					2			1	4	3	1		1
2015-03-11	10	6					1	1		1	2	3	1		1
2015-03-22	13	4				2	1			1	2	4			1
2015-04-06	10	1	1				1	1		1	2	1		3	
2015-04-13	19	10	2	4	2	4	1	5	1						
2015-04-15	11	7	2	1		4		3	1						
2015-04-23	28	9		1	3	1	7	3	3	1	2	1	2	3	1
2015-04-26	11	5	1				5	1		1	1			1	1
2015-04-30	14	8	4	1	1					1	2		2	2	1
2015-05-01	16	6		1		1	6	6	2						
2015-05-03	31	14	1	5	2	7	3	8	3			1	1		
2015-05-05	27	9				1	12	1	2	1	2	5		3	
2015-10-02	27	13		1	2	1	9	5	2		1	4	1		1
2015-10-24	17	9		2	1		1	1		1	3	4	1	2	1
2015-11-04	12	6			1		4		1		1	1	1	1	2
2016-04-01	34	11		5	2	3	6	8	2		1	2		3	2
2016-04-02	34	13		5	5	4	6	6	3				1	2	2
2016-04-03	13	8			1		2	1		1	1	1	2	3	1
2016-04-06	13	8	2		1		5	1	2			2			
2016-04-07	54	18		4	3	8	10	6	4	1	3	3	3	6	3
2016-04-08	19	7				2	5	3	3	1	1	3		1	
2016-04-19	18	13		2	1	4	4	3	2			1		1	
2016-04-20	48	20		2	2	7	11	10	2	1	3	1	2	4	3
2016-04-21	21	8		3	1	3	3	5	2				1	2	1
2016-04-22	19	8	1		1	1	6	5	2			1		2	
2016-05-03	29	12		2		3	10	10	2					2	

日期	总站数	一类站数	大兴安岭	黑河	伊春	齐齐哈尔	哈尔滨	绥化	大庆	七台河	鸡西	牡丹江	鹤岗	佳木斯	双鸭山
2016-05-04	26	11		2	1	6	5	8	3					1	
2016-05-07	10	6		1	1		1			1	1	2	1	1	1
2016-05-14	41	17		5	4	10	6	10	4		1			1	
2016-05-18	15	5				1	3	8	3						
2016-05-26	35	12	1	2		5	4	1	2	1	4	5	3	3	4
2016-08-31	20	10					1	5			2	2	3	6	1
2016-09-25	11	4								1	2	2	1	3	2
2017-01-27	11	6					2				1	2	4	1	1
2017-02-16	27	11					10	2		1	2	4	1	4	3
2017-02-17	14	4					2			1	3	5	1	2	
2017-04-02	13	6	1	1		3	1			1	2	3		1	
2017-04-08	20	9	2		2	2	1			1	3	2	2	4	1
2017-04-10	23	10	5	1	2	1	4	2	3				2	1	2
2017-04-12	27	9	1	1	1	4	5	3		1	3	6			
2017-04-13	12	7					2	4	2			1	1	1	1
2017-04-14	17	5			2	2	4	1			2	4		2	
2017-04-15	70	27	6	4	4	9	11	9	4	1	3	7	3	5	4
2017-04-17	16	7			2		2			1	2	4	1	3	1
2017-04-22	10	7	3	3		1		2	1						
2017-04-25	11	5					3			1	1	2	1	2	1
2017-04-29	39	14	1	3		8	10	9	3			5			
2017-05-02	12	5		5	1	1	2	2	1						
2017-05-03	48	20		6	4	10	7	10	4		1	1	1	1	2
2017-05-04	43	18	2	6	5	9	4	9	4			1	1	2	
2017-05-05	39	18	1	3	1	6	9	7	4	1	1	3		2	1
2017-05-06	48	18	2	2		5	11	5	3	1	3	7	1	5	3
2017-05-07	28	9			1	6	3	4		1	2	7	1	3	
2017-05-09	16	7	1	5		7		2	1						
2017-05-11	13	5	1	1		1	4	2	1		1	1		1	

日期	总站数	一类站数	大兴安岭	黑河	伊春	齐齐哈尔	哈尔滨	绥化	大庆	七台河	鸡西	牡丹江	鹤岗	佳木斯	双鸭山
2017-05-12	11	4		1		1	3	4	2						
2017-05-28	27	14	3	5	2	10		6	1						
2017-05-29	38	18	4	4	4	5	6	7	2				2	4	
2017-05-30	11	6					2				1	1	2	4	1
2017-06-06	13	7	4	2		2	1	2	2						
2017-06-08	16	6		1		1	4	1			1	3	1	3	1
2017-07-09	12	5		3		4	1					1	2	1	
2017-08-04	10	2					5	1	1		2			1	
2017-09-24	13	7					4		1		1	1	1	4	1
2017-09-29	13	6			1		4				2	2	1	2	1
2017-10-01	61	21			5	5	12	10	4	1	4	6	3	7	4
2017-11-27	12	6				2	3	2	3		1			1	
2017-11-28	10	6				1	2		1	1	1	2		1	1
2017-11-29	13	6			1		2				1	2	2	1	4
2017-12-12	10	6					2					1	3	2	
2017-12-26	11	5								1	3	3	1	2	1
2017-12-27	10	4					1			1	3	2	1	1	1

日期	大兴安岭							黑河					
	加格达奇	北极村	漠河	塔河	呼中	新林	呼玛	黑河	孙吴	逊克	五大连池	北安	嫩江
2012-02-20												★	
2012-03-19													
2012-03-29											★	★	★
2012-03-30											★	★	
2012-04-08													
2012-04-11												★	
2012-04-13	★			★	★				★				★
2012-04-28													
2012-04-29											★		
2012-05-22								★	★	★	★	★	
2012-08-29													
2012-12-04													
2013-03-07				★			★	★					
2013-03-10													
2013-03-17												★	
2013-03-27													
2013-04-03							★						
2013-04-13													
2013-04-29										★		★	
2013-05-30													
2013-05-31							★				★	★	
2013-10-14							★						
2014-02-02													
2014-04-14				★			★					★	
2014-04-15							★					★	
2014-05-03							★		★				
2014-10-19													

齐哈尔大风普查结果

伊春					齐齐哈尔									
伊春	嘉荫	乌伊岭	铁力	五营	齐齐哈尔	讷河	克山	克东	龙江	甘南	富裕	依安	拜泉	泰来
		★												
					★	★	★	★	★	★	★	★		★
								★				★		
														★
		★		★				★						
★		★	★							★				
		★												★
	★	★						★						
		★	★											
★	★													
		★						★				★		
★			★	★										
★							★							
											★			★
★			★											
★														
							★		★	★			★	★
							★							
														★
★		★	★			★						★		★
	★		★											
★														
★														

93

日期	大兴安岭							黑河					
	加格达奇	北极村	漠河	塔河	呼中	新林	呼玛	黑河	孙吴	逊克	五大连池	北安	嫩江
2014-10-26							★	★				★	
2014-11-13							★						
2014-12-01							★	★				★	
2014-12-02							★					★	
2015-03-10													
2015-03-11													
2015-03-22													
2015-04-06							★						
2015-04-13				★			★		★		★	★	★
2015-04-15	★			★									★
2015-04-23										★			
2015-04-26						★							
2015-04-30	★			★		★	★	★					
2015-05-01												★	
2015-05-03	★								★	★	★	★	★
2015-05-05													
2015-10-02												★	
2015-10-24								★				★	
2015-11-04													
2016-04-01								★		★	★	★	★
2016-04-02									★	★	★	★	★
2016-04-03													
2016-04-06	★						★						
2016-04-07									★		★	★	★
2016-04-08													
2016-04-19												★	★
2016-04-20												★	★
2016-04-21									★		★		★

伊春					齐齐哈尔									
伊春	嘉荫	乌伊岭	铁力	五营	齐齐哈尔	讷河	克山	克东	龙江	甘南	富裕	依安	拜泉	泰来
★						★		★				★	★	★
	★													
								★						★
								★						★
									★					★
		★		★				★				★	★	★
					★			★	★					★
★	★	★							★					
		★												
								★						
★		★					★	★	★	★		★	★	★
														★
★		★												★
		★												
		★												
	★	★						★					★	★
★	★	★	★	★						★		★	★	★
★														
		★												
★	★	★			★	★		★	★	★		★	★	★
												★		★
		★			★				★			★	★	
		★	★		★	★			★	★	★	★	★	
	★										★		★	★

日期	大兴安岭							黑河					
	加格达奇	北极村	漠河	塔河	呼中	新林	呼玛	黑河	孙吴	逊克	五大连池	北安	嫩江
2016-04-22							★						
2016-05-03											★	★	
2016-05-04											★	★	
2016-05-07										★			
2016-05-14									★	★	★	★	★
2016-05-18													
2016-05-26							★				★	★	
2016-08-31													
2016-09-25													
2017-01-27													
2017-02-16													
2017-02-17													
2017-04-02							★					★	
2017-04-08				★			★						
2017-04-10			★	★	★	★	★			★			
2017-04-12							★					★	
2017-04-13													
2017-04-14													
2017-04-15	★		★	★	★	★	★		★		★	★	★
2017-04-17													
2017-04-22				★	★		★				★	★	★
2017-04-25													
2017-04-29	★											★	★
2017-05-02								★	★	★	★		★
2017-05-03								★	★	★	★	★	★
2017-05-04	★						★	★	★	★	★	★	
2017-05-05							★		★			★	★
2017-05-06	★						★	★					★

伊春					齐齐哈尔									
伊春	嘉荫	乌伊岭	铁力	五营	齐齐哈尔	讷河	克山	克东	龙江	甘南	富裕	依安	拜泉	泰来
			★											★
								★				★		★
			★					★	★		★	★	★	★
		★												
★		★	★	★	★	★	★	★	★	★	★	★	★	★
												★		
									★	★		★	★	★
														★
								★				★	★	
★		★										★	★	
★	★												★	
		★						★				★	★	★
★				★					★				★	
★		★	★	★	★	★		★	★	★	★	★	★	★
★	★													
								★						
					★	★		★	★	★		★	★	★
		★						★						
★		★	★	★	★	★	★	★	★	★	★	★	★	★
★	★	★	★		★	★		★	★	★	★	★	★	★
		★						★	★	★		★	★	★
					★	★			★	★				★

日期	大兴安岭							黑河					
	加格达奇	北极村	漠河	塔河	呼中	新林	呼玛	黑河	孙吴	逊克	五大连池	北安	嫩江
2017-05-07													
2017-05-09							★		★	★	★	★	★
2017-05-11					★						★		
2017-05-12													★
2017-05-28	★			★			★	★	★		★	★	★
2017-05-29	★		★	★		★			★		★	★	★
2017-05-30													
2017-06-06	★			★	★		★				★		★
2017-06-08													★
2017-07-09								★			★		★
2017-08-04													
2017-09-24													
2017-09-29													
2017-10-01													
2017-11-27													
2017-11-28													
2017-11-29													
2017-12-12													
2017-12-26													
2017-12-27													

伊春					齐齐哈尔									
伊春	嘉荫	乌伊岭	铁力	五营	齐齐哈尔	讷河	克山	克东	龙江	甘南	富裕	依安	拜泉	泰来
			★			★		★	★		★	★	★	
						★		★	★	★		★	★	★
														★
								★						
★		★			★	★	★	★	★	★	★	★	★	★
★		★	★	★				★	★	★		★	★	
									★					★
													★	
						★		★	★	★				
★														
★	★	★	★	★	★				★	★			★	★
					★									
														★
														★
★														

日期	哈尔滨												
	哈尔滨	五常	巴彦	呼兰	阿城	宾县	木兰	通河	方正	延寿	尚志	依兰	双城
2012-02-20								★					
2012-03-19													
2012-03-29			★	★		★		★		★	★	★	
2012-03-30		★						★	★			★	
2012-04-08		★	★	★	★	★	★	★		★	★	★	
2012-04-11			★		★	★	★	★		★			
2012-04-13			★	★				★		★		★	
2012-04-28	★	★	★	★	★	★	★	★		★		★	
2012-04-29								★				★	
2012-05-22						★							
2012-08-29				★	★	★	★	★		★			
2012-12-04												★	
2013-03-07								★		★		★	
2013-03-10	★							★					
2013-03-17						★				★		★	
2013-03-27			★			★		★				★	
2013-04-03	★		★		★		★	★		★		★	
2013-04-13			★		★	★						★	
2013-04-29	★		★	★			★	★	★				
2013-05-30							★	★		★		★	
2013-05-31	★		★			★							★
2013-10-14								★				★	
2014-02-02	★	★	★			★	★	★		★		★	★
2014-04-14			★			★							★
2014-04-15								★				★	
2014-05-03								★					
2014-10-19	★	★	★	★		★				★		★	★

庆大风普查结果

绥化										大庆				
绥化	海伦	明水	绥棱	青冈	望奎	安达	肇东	兰西	庆安	大庆	林甸	肇源	杜尔伯特	肇州
		★												
				★			★							
						★	★	★				★		★
★	★	★	★	★	★	★	★	★				★		★
★			★	★	★	★						★		★
			★		★			★	★			★		★
									★					
		★			★		★	★						
			★				★			★	★		★	★
			★											
		★			★	★		★		★	★		★	★
							★							
								★	★			★		★
									★					★
									★					
		★												
★		★			★				★			★		★

101

日期	哈尔滨												
	哈尔滨	五常	巴彦	呼兰	阿城	宾县	木兰	通河	方正	延寿	尚志	依兰	双城
2014-10-26			★			★	★	★		★		★	★
2014-11-13								★				★	
2014-12-01								★				★	
2014-12-02								★		★		★	★
2015-03-10								★					
2015-03-11								★					
2015-03-22								★					
2015-04-06													
2015-04-13			★										
2015-04-15													
2015-04-23			★		★	★	★	★		★		★	
2015-04-26		★	★			★						★	★
2015-04-30													
2015-05-01		★	★	★		★		★					★
2015-05-03			★			★							★
2015-05-05	★	★	★	★	★	★	★	★		★	★	★	★
2015-10-02	★	★	★		★		★	★		★	★	★	
2015-10-24								★					
2015-11-04			★			★						★	★
2016-04-01	★		★	★	★	★							★
2016-04-02			★			★	★	★				★	★
2016-04-03			★					★					
2016-04-06	★		★			★					★		★
2016-04-07		★	★	★	★	★	★	★		★		★	★
2016-04-08		★			★			★		★			★
2016-04-19	★										★	★	★
2016-04-20	★	★	★	★		★	★	★		★	★	★	★
2016-04-21			★			★							★

| 绥化 | | | | | | | | | | 大庆 | | | | |
绥化	海伦	明水	绥棱	青冈	望奎	安达	肇东	兰西	庆安	大庆	林甸	肇源	杜尔伯特	肇州
		★	★	★				★	★				★	
			★											
			★								★			★
			★					★	★					
			★											
			★											
			★											
			★											
★	★	★	★			★					★			
	★		★				★							★
			★		★		★					★	★	★
			★											
★	★				★	★	★		★		★			★
★	★	★	★		★	★	★		★	★			★	★
							★					★		★
	★		★	★			★	★		★			★	
	★													
														★
★	★		★	★	★		★	★	★		★			★
	★			★	★	★	★	★			★	★		★
								★						
						★						★		★
	★	★		★			★	★	★	★		★	★	★
				★				★	★		★		★	★
★	★					★					★			★
★	★	★	★	★		★	★	★	★		★			★
	★					★	★	★	★		★			★

日期	哈尔滨												
	哈尔滨	五常	巴彦	呼兰	阿城	宾县	木兰	通河	方正	延寿	尚志	依兰	双城
2016-04-22		★	★			★		★		★			★
2016-05-03	★	★		★	★			★	★	★	★	★	★
2016-05-04	★			★							★	★	★
2016-05-07								★					
2016-05-14	★		★			★	★					★	★
2016-05-18			★			★							★
2016-05-26							★	★		★			★
2016-08-31			★					★		★	★	★	
2016-09-25													
2017-01-27								★				★	
2017-02-16	★	★	★			★	★	★		★	★	★	★
2017-02-17							★	★					
2017-04-02								★					
2017-04-08						★							
2017-04-10			★			★						★	★
2017-04-12			★			★	★	★				★	
2017-04-13						★							★
2017-04-14			★			★	★	★					
2017-04-15	★	★	★	★	★	★	★	★		★		★	★
2017-04-17						★						★	
2017-04-22													
2017-04-25						★	★	★					
2017-04-29	★	★	★	★	★	★	★	★		★			★
2017-05-02						★							★
2017-05-03	★		★	★	★	★						★	★
2017-05-04			★			★		★					★
2017-05-05	★		★	★	★	★	★	★		★			★
2017-05-06	★	★	★	★	★	★	★	★		★		★	★

绥化										大庆				
绥化	海伦	明水	绥棱	青冈	望奎	安达	肇东	兰西	庆安	大庆	林甸	肇源	杜尔伯特	肇州
	★					★	★	★	★			★		★
★	★	★	★	★	★	★	★	★	★			★		★
	★	★	★	★	★	★	★	★			★	★		★
★	★	★	★	★	★	★	★		★		★	★	★	★
★	★	★		★	★	★	★	★			★	★		★
		★									★		★	
		★							★					
		★				★						★	★	★
			★			★	★							
	★	★			★	★						★		★
									★					
★	★	★	★	★	★	★	★	★	★		★	★	★	★
	★	★												★
★	★	★		★	★	★	★	★	★			★	★	★
	★	★										★		
★	★	★	★	★	★	★	★	★	★		★	★	★	★
★	★	★	★		★		★	★	★		★	★	★	★
	★	★			★	★	★	★	★		★	★	★	★
		★				★	★	★	★		★	★	★	★

日期	哈尔滨												
	哈尔滨	五常	巴彦	呼兰	阿城	宾县	木兰	通河	方正	延寿	尚志	依兰	双城
2017-05-07			★				★	★					
2017-05-09													
2017-05-11						★	★		★				★
2017-05-12				★		★	★						
2017-05-28													
2017-05-29	★		★	★		★		★					★
2017-05-30			★					★					
2017-06-06													★
2017-06-08			★		★		★						★
2017-07-09												★	
2017-08-04			★		★	★		★					★
2017-09-24						★		★			★	★	
2017-09-29			★			★	★	★					
2017-10-01	★	★	★	★	★	★	★	★		★	★	★	★
2017-11-27	★					★							★
2017-11-28						★		★					
2017-11-29								★				★	
2017-12-12								★				★	
2017-12-26													
2017-12-27								★					

| 绥化 | | | | | | | | | | 大庆 | | | | |
绥化	海伦	明水	绥棱	青冈	望奎	安达	肇东	兰西	庆安	大庆	林甸	肇源	杜尔伯特	肇州
★		★						★	★					
	★	★										★		
						★		★				★		
	★	★	★				★					★		★
	★	★	★	★				★	★		★			
	★	★		★		★	★	★	★			★		★
						★	★					★		★
				★										
							★					★		
													★	
★	★	★	★	★	★	★	★	★		★		★	★	★
						★	★				★	★		★
												★		

日期	七台河		鸡西				牡丹江						
	七台河	勃利	鸡西	虎林	密山	鸡东	牡丹江	东宁	林口	海林	穆棱	绥芬河	宁安
2012-02-20		★	★	★	★	★	★			★		★	
2012-03-19	★	★	★		★	★		★	★	★		★	
2012-03-29			★			★					★		
2012-03-30		★	★	★		★	★	★				★	
2012-04-08		★				★			★	★			
2012-04-11		★	★										
2012-04-13													
2012-04-28			★			★			★				
2012-04-29		★	★			★	★	★					
2012-05-22													
2012-08-29		★	★			★	★	★	★			★	★
2012-12-04	★	★	★	★	★	★	★					★	
2013-03-07	★	★	★	★	★	★	★		★		★		
2013-03-10		★	★		★	★	★	★	★			★	★
2013-03-17			★			★							
2013-03-27			★			★							
2013-04-03		★	★		★	★	★		★			★	
2013-04-13			★			★						★	
2013-04-29													
2013-05-30		★	★	★	★	★			★			★	
2013-05-31				★									
2013-10-14		★	★		★							★	
2014-02-02		★	★	★		★	★	★	★	★	★	★	★
2014-04-14													
2014-04-15	★	★	★		★	★	★	★				★	
2014-05-03	★	★	★				★					★	
2014-10-19		★	★				★						

木斯、双鸭山大风普查结果

鹤岗			佳木斯							双鸭山				
鹤岗	萝北	绥滨	佳木斯	同江	抚远	富锦	汤原	桦川	桦南	双鸭山	宝清	饶河	集贤	友谊
★		★		★		★			★	★			★	
				★		★					★			
							★		★					
				★	★				★					
									★					
★	★	★	★	★		★	★		★	★	★			
						★								
★	★			★		★	★		★	★				
				★		★			★			★		
						★			★					
						★			★					
★		★	★	★		★	★		★	★	★	★		
									★		★			
										★				
★		★				★			★	★				
						★			★		★			
									★					
									★		★			
★		★	★			★			★					
										★	★			
											★			
★	★	★	★			★			★		★			
★		★	★	★		★								
		★					★							

日期	七台河		鸡西				牡丹江						
	七台河	勃利	鸡西	虎林	密山	鸡东	牡丹江	东宁	林口	海林	穆棱	绥芬河	宁安
2014-10-26		★	★			★	★	★				★	
2014-11-13	★	★	★		★	★		★				★	
2014-12-01		★	★	★	★	★	★	★			★	★	
2014-12-02	★	★	★		★	★	★	★		★		★	
2015-03-10		★	★		★		★	★				★	
2015-03-11		★	★			★	★	★		★		★	
2015-03-22		★	★			★						★	
2015-04-06													
2015-04-13													
2015-04-15													
2015-04-23		★	★			★	★						
2015-04-26		★	★										
2015-04-30		★	★			★							
2015-05-01													
2015-05-03							★						
2015-05-05		★	★			★	★	★	★			★	★
2015-10-02			★				★	★		★		★	
2015-10-24		★	★		★	★	★	★	★			★	
2015-11-04			★				★						
2016-04-01		★			★	★							
2016-04-02													
2016-04-03		★	★				★						
2016-04-06							★			★			
2016-04-07		★	★		★	★	★			★		★	
2016-04-08		★	★				★	★				★	
2016-04-19			★										
2016-04-20		★	★		★	★	★						
2016-04-21													

鹤岗			佳木斯							双鸭山				
鹤岗	萝北	绥滨	佳木斯	同江	抚远	富锦	汤原	桦川	桦南	双鸭山	宝清	饶河	集贤	友谊
		★	★	★	★	★			★	★	★			
★	★	★		★		★			★		★			
	★	★			★				★		★			
★	★	★		★		★			★		★			
		★									★			
		★									★			
			★			★			★					
★		★	★			★			★		★			
		★									★			
★		★	★	★							★			
		★												
			★				★		★					
		★									★			
		★				★			★		★			
		★	★							★			★	
		★	★			★			★		★		★	
★		★					★				★		★	
★	★	★				★			★		★			
★	★	★	★	★		★	★	★	★	★	★		★	
		★												
		★												
★		★	★			★			★	★	★		★	
	★					★			★		★			

日期	七台河		鸡西				牡丹江						
	七台河	勃利	鸡西	虎林	密山	鸡东	牡丹江	东宁	林口	海林	穆棱	绥芬河	宁安
2016-04-22									★				
2016-05-03													
2016-05-04													
2016-05-07		★	★				★					★	
2016-05-14			★										
2016-05-18													
2016-05-26		★	★	★	★	★	★	★			★	★	★
2016-08-31			★			★		★				★	
2016-09-25		★	★			★	★					★	
2017-01-27		★	★			★	★	★			★	★	
2017-02-16		★	★			★	★	★	★			★	
2017-02-17		★	★		★	★	★	★	★	★		★	
2017-04-02		★	★			★	★					★	★
2017-04-08		★	★		★	★	★					★	
2017-04-10													
2017-04-12		★	★			★	★	★	★	★		★	★
2017-04-13			★				★						
2017-04-14			★			★	★		★			★	★
2017-04-15		★	★		★	★	★	★	★	★	★	★	★
2017-04-17		★	★			★	★		★			★	★
2017-04-22													
2017-04-25		★	★				★	★					
2017-04-29							★	★	★			★	★
2017-05-02													
2017-05-03		★	★				★						
2017-05-04						★	★						
2017-05-05		★	★				★				★	★	
2017-05-06		★	★			★	★	★	★	★	★	★	★

鹤岗			佳木斯							双鸭山				
鹤岗	萝北	绥滨	佳木斯	同江	抚远	富锦	汤原	桦川	桦南	双鸭山	宝清	饶河	集贤	友谊
			★				★							
						★		★						
								★						
		★				★					★			
							★							
★	★	★		★		★			★	★	★	★	★	
★	★	★	★	★	★	★		★	★		★			
		★	★	★		★					★	★		
									★		★			
		★	★			★	★		★	★	★		★	
		★					★		★					
									★					
★		★	★	★			★		★		★			
★		★					★				★		★	
							★		★					
							★				★			
							★		★					
★	★	★	★			★	★	★	★	★	★	★	★	
		★				★	★		★		★			
	★					★			★		★			
	★						★				★		★	
		★					★							
		★			★						★			
	★	★	★			★	★		★		★	★	★	

日期	七台河		鸡西				牡丹江						
	七台河	勃利	鸡西	虎林	密山	鸡东	牡丹江	东宁	林口	海林	穆棱	绥芬河	宁安
2017-05-07		★	★			★	★	★	★	★	★	★	★
2017-05-09													
2017-05-11			★										★
2017-05-12													
2017-05-28													
2017-05-29													
2017-05-30			★				★						
2017-06-06													
2017-06-08			★				★	★				★	
2017-07-09							★						
2017-08-04			★			★							
2017-09-24			★				★						
2017-09-29			★			★	★					★	
2017-10-01		★	★	★	★	★	★	★	★	★	★	★	
2017-11-27							★						
2017-11-28		★	★				★					★	
2017-11-29		★	★			★		★				★	
2017-12-12		★	★		★	★	★					★	
2017-12-26		★	★		★	★	★	★				★	
2017-12-27		★	★		★	★		★				★	

鹤岗			佳木斯							双鸭山				
鹤岗	萝北	绥滨	佳木斯	同江	抚远	富锦	汤原	桦川	桦南	双鸭山	宝清	饶河	集贤	友谊
		★				★	★		★					
						★								
★		★	★			★	★		★					
★		★		★		★	★		★		★			
		★		★		★		★			★			
★	★						★							
							★							
		★	★			★	★		★	★				
		★			★				★		★			
★	★	★	★	★	★	★	★	★	★	★	★	★	★	
							★							
									★		★			
		★			★	★		★	★					
						★			★					
	★					★			★		★			
	★								★		★			

黑龙江省大雾普查结果

日期	总站数	一类站数	大兴安岭	黑河	伊春	齐齐哈尔	哈尔滨	绥化	大庆	七台河	鸡西	牡丹江	鹤岗	佳木斯	双鸭山
2012-03-08	3	1						3							
2012-03-10	7	2		1				1			1		1	2	1
2012-03-28	3	1										3			
2012-04-24	8	4			1		3					4			
2012-04-25	4	3					2					1		1	
2012-05-01	9	3			1		7							1	
2012-05-11	4	3	4												
2012-05-15	9	7	6	1	1							1			
2012-05-16	12	10	6	2	1	1								1	
2012-05-24	3	1										3			
2012-05-28	7	5	6									1			
2012-06-01	6	4	2				3					1			
2012-06-02	5	3	4		1										
2012-06-05	8	4	4		2				1	1					
2012-06-06	8	6	3		2		2					1			
2012-06-08	8	6	2	2		1	1		1						
2012-06-09	9	6	6	1								2			
2012-06-13	4	3	3									1			
2012-06-14	9	8	5	1	1							1		1	
2012-06-15	4	4	3									1			
2012-06-16	7	6	6									1			
2012-06-17	9	6	4	2	1							1			1
2012-06-18	16	7	3		2		3		1	1	1	3		1	1
2012-06-19	16	9	2		3		4	1	1	1		4			
2012-06-20	7	4	2		3							2			
2012-06-21	4	2			3							1			
2012-07-01	4	3	3									1			
2012-07-03	5	4	4									1			
2012-07-04	8	5	5		1							1	1		
2012-07-05	16	8	5	2	2		1		1	1		2		1	1
2012-07-06	15	7	6		3		1					4			1
2012-07-08	7	4	5	1										1	
2012-07-10	7	5	5									1			1
2012-07-12	7	6	6									1			

日期	总站数	一类站数	大兴安岭	黑河	伊春	齐齐哈尔	哈尔滨	绥化	大庆	七台河	鸡西	牡丹江	鹤岗	佳木斯	双鸭山
2012-07-13	7	5	5	1								1			
2012-07-14	8	6	2	2	3							1			
2012-07-15	6	3	2								1	2			1
2012-07-16	7	5	6												1
2012-07-17	6	4	1	2	2										1
2012-07-20	8	5	4	3	1										
2012-07-24	10	5	1		2		2					2	1	2	
2012-07-25	8	5	5									1	1		1
2012-07-26	6	5	5									1			
2012-07-27	3														
2012-07-28	5	4	5												
2012-07-29	6	4	5												
2012-07-30	6	4	4							1		1			
2012-07-31	6	4	5									1			
2012-08-01	9	6	7				1					1			
2012-08-02	12	6	7	3										2	
2012-08-03	6	5	5									1			
2012-08-04	11	7	1	1	1	1	1	1				1	2	2	
2012-08-05	17	9	3	1	1	2	7					2		1	
2012-08-06	9	5	1		3		1	2				1			1
2012-08-07	12	5	1		1		3				1	3	1	1	1
2012-08-15	3	2	3												
2012-08-16	11	4			3		1				2	4			1
2012-08-17	7	2	1									5			1
2012-08-19	9	5	4		1		2				1	1			
2012-08-20	11	5			1		2				2	5		1	
2012-08-21	5	2									1	4			
2012-08-23	10	6	4	1								5			
2012-08-24	8	6	7									1			
2012-08-25	7	3	1								1	3	1	1	
2012-08-27	7	3	3		2							2			
2012-08-30	3	1	3												
2012-08-31	5	1			4		1								
2012-09-01	5	1			3									2	
2012-09-02	5	1			4								1		

日期	总站数	一类站数	大兴安岭	黑河	伊春	齐齐哈尔	哈尔滨	绥化	大庆	七台河	鸡西	牡丹江	鹤岗	佳木斯	双鸭山
2012-09-03	6	2	1									1	1	3	
2012-09-08	18	10	2	1	2	1	4	3	2			2		1	
2012-09-11	9	4	1				1				1	5			1
2012-09-15	6	2	1		1		3					1			
2012-09-16	11	3			3		2					5			1
2012-09-21	11	7	5	3	1						1				1
2012-09-22	6	4	2	1	3										
2012-09-24	7	3	1				1					5			
2012-09-25	10	4			3		3					4			
2012-09-26	9	7				3		1	1			1		2	1
2012-09-27	24	9			3		6	1			2	3	4		5	
2012-10-01	6	1			1							3		1	1
2012-10-14	5	2					2				1	2			
2012-10-25	29	12	3			1	13	7	2	1	1	1			
2012-10-26	12	5	1	1		1	4	1			1	2			1
2012-11-09	15	9		1	2	6	2	4							
2012-11-10	30	12	1	1	2	7	7	7				3		2	
2012-11-15	3	2					2		1						
2012-11-18	3	0					2		1						
2013-03-04	8	4					3	1	1	3					
2013-04-24	4	2	1	2		1									
2013-04-25	7	4	2									1		2	2
2013-05-10	6	5	4	1											1
2013-05-14	8	5	2								2	1	1	1	1
2013-05-16	11	5	1				5		1			4			
2013-05-22	3	1	3												
2013-05-23	3	1			3										
2013-06-03	3	3	3												
2013-06-06	8	4			3							3	1		1
2013-06-11	5	3	3		1							1			
2013-06-14	7	5	4								2	1			
2013-06-15	7	5	7	5											
2013-06-16	7	5	7	5											
2013-06-19	11	6	11	6											
2013-06-26	4	2	4	2											

日期	总站数	一类站数	大兴安岭	黑河	伊春	齐齐哈尔	哈尔滨	绥化	大庆	七台河	鸡西	牡丹江	鹤岗	佳木斯	双鸭山
2013-06-29	3	1	3	1											
2013-06-30	4	3	4	3											
2013-07-01	5	4	5	4											
2013-07-11	3	1	3	1											
2013-07-26	7	6	5	1								1			
2013-07-30	8	6	4	1							1	1		1	
2013-08-01	16	10	6		1						2	2	2	2	1
2013-08-04	5	4	4												
2013-08-05	6	5	6												
2013-08-07	11	5	4	3	1	1								1	1
2013-08-12	8	6	1		3							1	1	1	1
2013-08-20	7	2	3		3		1								
2013-08-21	12	5	5	1	2							1	3		
2013-08-22	6	4	6												
2013-08-23	5	3	3		2										
2013-08-24	8	4	4		2		1								1
2013-08-25	8	2			1							3		3	1
2013-08-27	13	7	4	2	3		1					2			1
2013-08-28	8	4	3				1					4			
2013-08-29	7	4	4		1							1			1
2013-08-31	10	5	1	1					1		2	5			
2013-09-01	12	5	3		3				1			4	1		
2013-09-02	17	8	3	2	2		1					3	3	1	1
2013-09-03	20	11	3		2		4		4			2	3		2
2013-09-04	19	8	4		3	1	3					5		2	1
2013-09-05	8	4	5		1							1		1	
2013-09-06	15	7	4		3		2					1	4		1
2013-09-07	13	7	4		4							1	3		1
2013-09-08	28	12	1	1	4	5	5	4				1	2	1	3
2013-09-09	16	8			2	1	4					2	5	1	1
2013-09-12	6	3	2		3								1		
2013-10-20	20	8			1		1	6	4			3		1	1
2013-10-21	49	17			3	3	12	8	4	1	4	4	2	4	4
2013-10-22	49	18	1		4	3	13	7	3	1	4	4	1	5	3
2013-10-23	37	14	2		4	1	6	3	2		4	3	3	5	4

日期	总站数	一类站数	大兴安岭	黑河	伊春	齐齐哈尔	哈尔滨	绥化	大庆	七台河	鸡西	牡丹江	鹤岗	佳木斯	双鸭山
2013-10-24	9	6				1			1	1	3	1			2
2013-11-01	7	3					7								
2013-11-03	22	10		1	1	4	9	5	1					1	
2013-11-04	19	6			4		8	1						2	1
2013-11-15	7	4		2		1							2	2	
2013-11-16	8	4		2		1							2	3	
2013-11-17	7	4										1	1	2	3
2013-11-19	3	2											1		2
2013-11-23	30	13		2	3	4	11	7	1					2	
2013-11-24	26	10			1	1	13	5					3	3	
2013-12-07	3	1					2	1							
2013-12-10	5	2					1	3				1			
2013-12-17	7	1		1			2	3	1						
2014-02-16	3	0					3								
2014-02-25	9	2					1	8			1	2			
2014-02-26	18	8		3		9	2				1	3			
2014-08-29	3	3	3												
2014-09-13	5	3			1		1					3			
2014-09-18	3	3	3												
2014-10-10	6	2					4				1	1			
2014-10-25	16	3			2	3	4	3			2				2
2014-11-01	10	3			1		4	5							
2015-03-03	6	1						5						1	
2015-03-17	4	2		1		1		2							
2015-03-29	11	3			1			3	4		1		1	1	
2015-04-11	3	1						3							
2015-10-06	12	7		2		4			3	3					
2015-10-07	21	8				4	1			1	4	5	3	1	2
2015-10-11	3	1										2	1		
2015-10-16	7	3		3		3		1							
2015-11-03	12	4		1			4	4		1				2	
2015-11-10	7	1					3	2	2						
2015-11-11	17	4					4	8	4				1		
2015-11-12	9	2				1	4	3	1						
2015-11-13	6	2				2						4			

日期	总站数	一类站数	大兴安岭	黑河	伊春	齐齐哈尔	哈尔滨	绥化	大庆	七台河	鸡西	牡丹江	鹤岗	佳木斯	双鸭山
2015-11-14	15	5	1	2		7			2		1	2			
2015-12-09	7	3				1	2	4							
2015-12-10	4	1					3		1						
2016-04-13	7	3						5	1			1			
2016-09-06	7	2			1	1		3	1					1	
2016-09-07	7	4		1		2		3		1					
2016-09-11	4	4	2	2											
2016-09-14	9	1		2		4		1					2		
2016-09-18	4	3			2		2								
2016-09-22	4	4	4												
2016-10-22	4	2		1		2			1						
2016-11-27	3	1											3		
2016-12-18	17	7		1			5	7	4						
2016-12-19	21	6		2		7	1	5	2		2	2			
2016-12-31	10	2					1	8	1						
2017-01-01	15	4			1	2	1	8	3						
2017-01-03	3	2				1		2							
2017-01-19	3	1						3							
2017-02-04	3	2		1				2							
2017-02-13	10	3					5	4	1						
2017-02-14	4	0				1	1	2							
2017-02-28	3	1						3							
2017-04-01	3	1						1	2						
2017-04-18	5	1						4	1						
2017-08-03	3	3	3												
2017-08-06	3	1			2	1									
2017-09-03	3	2	3												
2017-09-06	3	1						3							
2017-09-18	3	3	3												
2017-09-19	3	2					3								
2017-11-07	3	1								1					1

日期	大兴安岭							黑河					
	加格达奇	北极村	漠河	塔河	呼中	新林	呼玛	黑河	孙吴	逊克	五大连池	北安	嫩江
2012-03-08													
2012-03-10										★			
2012-03-28													
2012-04-24													
2012-04-25													
2012-05-01													
2012-05-11	★	★	★			★							
2012-05-15	★		★	★	★	★	★	★					
2012-05-16	★	★	★	★		★	★	★	★				
2012-05-24													
2012-05-28	★	★		★	★	★	★						
2012-06-01		★				★							
2012-06-02			★	★	★	★							
2012-06-05		★	★	★		★							
2012-06-06	★			★		★							
2012-06-08	★					★					★	★	
2012-06-09	★	★	★	★		★	★			★			
2012-06-13		★	★	★									
2012-06-14	★		★	★		★	★	★					
2012-06-15	★					★	★						
2012-06-16	★	★	★	★		★	★						
2012-06-17		★	★	★		★		★	★				
2012-06-18	★			★		★							
2012-06-19	★					★							
2012-06-20	★		★										
2012-06-21													
2012-07-01	★			★		★							
2012-07-03		★	★	★		★							
2012-07-04	★	★	★	★		★							
2012-07-05	★		★	★	★	★					★	★	
2012-07-06	★	★	★	★	★	★							
2012-07-08		★	★	★	★	★		★					
2012-07-10	★	★	★	★		★							
2012-07-12	★	★	★	★		★	★						
2012-07-13		★	★	★	★	★		★					

齐齐哈尔大雾普查结果

伊春					齐齐哈尔									
伊春	嘉荫	乌伊岭	铁力	五营	齐齐哈尔	讷河	克山	克东	龙江	甘南	富裕	依安	拜泉	泰来
★														
★														
★														
★					★									
		★												
		★		★										
★				★										
							★							
		★												
		★												
★				★										
★		★		★										
★		★		★										
★		★		★										
	★													
★				★										
★	★	★												

日期	大兴安岭							黑河					
	加格达奇	北极村	漠河	塔河	呼中	新林	呼玛	黑河	孙吴	逊克	五大连池	北安	嫩江
2012-07-14	★					★		★				★	
2012-07-15		★	★										
2012-07-16	★	★	★	★		★	★						
2012-07-17	★							★				★	
2012-07-20		★	★	★		★			★	★			★
2012-07-24						★							
2012-07-25	★	★	★			★	★						
2012-07-26	★	★	★	★		★							
2012-07-27			★	★		★							
2012-07-28	★	★	★	★		★							
2012-07-29		★	★	★	★	★							
2012-07-30		★	★	★		★							
2012-07-31		★	★	★	★	★							
2012-08-01	★	★	★	★	★	★	★						
2012-08-02	★	★	★	★	★	★							
2012-08-03	★		★	★	★	★							
2012-08-04						★						★	
2012-08-05	★	★				★							★
2012-08-06	★												
2012-08-07			★										
2012-08-15				★	★	★							
2012-08-16													
2012-08-17				★									
2012-08-19	★			★	★	★							
2012-08-20													
2012-08-21													
2012-08-23		★		★		★	★						
2012-08-24	★	★	★	★	★	★	★						
2012-08-25	★												
2012-08-27		★	★			★							
2012-08-30		★	★		★								
2012-08-31													
2012-09-01													
2012-09-02													
2012-09-03		★											

伊春					齐齐哈尔									
伊春	嘉荫	乌伊岭	铁力	五营	齐齐哈尔	讷河	克山	克东	龙江	甘南	富裕	依安	拜泉	泰来
★		★		★										
★		★												
		★												
★		★												
★		★		★										
★							★							
				★	★		★							
★		★		★										
★														
★		★		★										
★														
		★												
★														
		★		★										
★	★	★		★										
	★	★		★										
★	★	★		★										

日期	大兴安岭							黑河					
	加格达奇	北极村	漠河	塔河	呼中	新林	呼玛	黑河	孙吴	逊克	五大连池	北安	嫩江
2012-09-08	★					★						★	
2012-09-11		★											
2012-09-15		★											
2012-09-16													
2012-09-21		★	★	★		★	★	★	★	★			
2012-09-22						★	★	★					
2012-09-24		★											
2012-09-25													
2012-09-26													
2012-09-27													
2012-10-01													
2012-10-14													
2012-10-25	★		★			★							
2012-10-26							★					★	
2012-11-09												★	
2012-11-10	★											★	
2012-11-15													
2012-11-18													
2013-03-04													
2013-04-24							★	★		★			
2013-04-25					★	★							
2013-05-10			★	★		★	★	★					
2013-05-14			★			★							
2013-05-16			★										
2013-05-22		★	★		★								
2013-05-23													
2013-06-03				★		★	★						
2013-06-06													
2013-06-11	★			★		★							
2013-06-14			★	★	★	★							
2013-06-15	★		★	★	★	★	★						
2013-06-16	★				★	★	★				★	★	
2013-06-19	★		★	★		★							
2013-06-26													
2013-06-29		★	★		★								

伊春					齐齐哈尔									
伊春	嘉荫	乌伊岭	铁力	五营	齐齐哈尔	讷河	克山	克东	龙江	甘南	富裕	依安	拜泉	泰来
★				★										★
★														
★		★		★										
	★													
★	★	★												
★		★		★										
					★				★		★			
★		★		★										
	★													
							★							
													★	
★		★				★	★	★			★	★	★	
★		★				★	★	★	★	★		★	★	
							★					★		
							★					★	★	
												★		
★		★		★										
★		★		★										
		★												
							★							
★		★		★										
★		★		★										

日期	大兴安岭							黑河					
	加格达奇	北极村	漠河	塔河	呼中	新林	呼玛	黑河	孙吴	逊克	五大连池	北安	嫩江
2013-06-30	★				★	★							
2013-07-01			★		★	★	★						
2013-07-11		★	★		★								
2013-07-26	★		★	★	★	★		★					
2013-07-30			★	★	★	★		★					
2013-08-01	★		★	★	★	★	★						
2013-08-04	★		★	★	★								
2013-08-05	★		★	★		★	★						
2013-08-07	★				★	★	★	★			★	★	
2013-08-12			★										
2013-08-20			★		★	★							
2013-08-21	★		★		★	★	★				★		
2013-08-22		★	★	★	★	★	★						
2013-08-23			★		★	★							
2013-08-24	★		★		★	★							
2013-08-25													
2013-08-27			★	★	★	★					★	★	
2013-08-28			★		★	★							
2013-08-29			★	★	★	★							
2013-08-31			★									★	
2013-09-01			★			★	★						
2013-09-02	★					★	★	★		★			
2013-09-03	★		★			★							
2013-09-04	★				★	★	★						
2013-09-05	★		★	★	★		★						
2013-09-06	★			★	★	★							
2013-09-07	★		★	★		★							
2013-09-08	★											★	
2013-09-09													
2013-09-12			★		★								
2013-10-20													
2013-10-21													
2013-10-22	★												
2013-10-23					★	★							
2013-10-24													

伊春					齐齐哈尔									
伊春	嘉荫	乌伊岭	铁力	五营	齐齐哈尔	讷河	克山	克东	龙江	甘南	富裕	依安	拜泉	泰来
		★												
		★							★					
★		★		★										
		★	★	★										
★				★										
★		★												
		★	★											
★														
★		★		★										
				★										
★		★		★										
★				★										
★				★										
★		★		★							★			
				★										
★		★		★										
★	★	★		★										
★		★	★	★			★		★	★	★	★		
★				★						★				
★		★		★										
	★													
★	★			★	★		★					★		
★	★	★	★		★							★		
★	★	★		★										★
														★
														★

日期	大兴安岭							黑河					
	加格达奇	北极村	漠河	塔河	呼中	新林	呼玛	黑河	孙吴	逊克	五大连池	北安	嫩江
2013-11-01													
2013-11-03												★	
2013-11-04													
2013-11-15											★	★	
2013-11-16											★	★	
2013-11-17													
2013-11-19													
2013-11-23											★	★	
2013-11-24													
2013-12-07													
2013-12-10													
2013-12-17											★		
2014-02-16													
2014-02-25													
2014-02-26											★	★	★
2014-08-29	★					★	★						
2014-09-13													
2014-09-18	★					★	★						
2014-10-10													
2014-10-25													
2014-11-01													
2015-03-03													
2015-03-17												★	
2015-03-29													
2015-04-11													
2015-10-06											★	★	
2015-10-07													
2015-10-11													
2015-10-16											★	★	★
2015-11-03												★	
2015-11-10													
2015-11-11													
2015-11-12													
2015-11-13													
2015-11-14			★								★	★	

伊春					齐齐哈尔									
伊春	嘉荫	乌伊岭	铁力	五营	齐齐哈尔	讷河	克山	克东	龙江	甘南	富裕	依安	拜泉	泰来
			★				★	★				★	★	
★		★	★	★										
							★							
							★							
★	★		★				★	★				★	★	
			★				★							
						★								★
									★					
					★	★	★	★	★	★	★	★		★
★														
	★	★			★			★		★				
			★											
			★					★						
							★	★			★	★		
					★				★	★				★
						★		★				★		
											★			
											★			★
					★	★		★	★		★	★		★

日期	大兴安岭							黑河					
	加格达奇	北极村	漠河	塔河	呼中	新林	呼玛	黑河	孙吴	逊克	五大连池	北安	嫩江
2015-12-09													
2015-12-10													
2016-04-13													
2016-09-06													
2016-09-07												★	
2016-09-11						★	★	★	★				
2016-09-14											★	★	
2016-09-18													
2016-09-22			★	★		★	★						
2016-10-22													★
2016-11-27													
2016-12-18													
2016-12-19											★	★	
2016-12-31													
2017-01-01													
2017-01-03													
2017-01-19													
2017-02-04												★	
2017-02-13													
2017-02-14													
2017-02-28													
2017-04-01													
2017-04-18													
2017-08-03			★	★			★						
2017-08-06											★	★	
2017-09-03	★		★			★							
2017-09-06													
2017-09-18			★			★	★						
2017-09-19													
2017-11-07													

伊春					齐齐哈尔									
伊春	嘉荫	乌伊岭	铁力	五营	齐齐哈尔	讷河	克山	克东	龙江	甘南	富裕	依安	拜泉	泰来
							★							
★														
								★						
						★								★
						★			★	★		★		
★			★											
						★						★		
		★												
						★	★	★	★		★	★	★	
		★				★						★		
								★						
												★		
												★		

日期	哈尔滨												
	哈尔滨	五常	巴彦	呼兰	阿城	宾县	木兰	通河	方正	延寿	尚志	依兰	双城
2012-03-08													
2012-03-10													
2012-03-28													
2012-04-24									★		★	★	
2012-04-25								★			★		
2012-05-01		★	★				★	★	★	★	★		
2012-05-11													
2012-05-15													
2012-05-16													
2012-05-24													
2012-05-28													
2012-06-01			★					★			★		
2012-06-02													
2012-06-05													
2012-06-06			★					★					
2012-06-08			★										
2012-06-09													
2012-06-13													
2012-06-14													
2012-06-15													
2012-06-16													
2012-06-17													
2012-06-18			★								★	★	
2012-06-19			★					★			★	★	
2012-06-20													
2012-06-21													
2012-07-01													
2012-07-03													
2012-07-04													
2012-07-05			★										
2012-07-06												★	
2012-07-08													
2012-07-10													
2012-07-12													
2012-07-13													

大雾普查结果

绥化										大庆				
绥化	海伦	明水	绥棱	青冈	望奎	安达	肇东	兰西	庆安	大庆	林甸	肇源	杜尔伯特	肇州
★				★				★						
				★										
							★							★
														★
													★	
	★													★

日期	哈尔滨												
	哈尔滨	五常	巴彦	呼兰	阿城	宾县	木兰	通河	方正	延寿	尚志	依兰	双城
2012-07-14													
2012-07-15													
2012-07-16													
2012-07-17													
2012-07-20													
2012-07-24							★	★					
2012-07-25													
2012-07-26													
2012-07-27													
2012-07-28													
2012-07-29													
2012-07-30													
2012-07-31													
2012-08-01							★						
2012-08-02													
2012-08-03													
2012-08-04			★										
2012-08-05	★	★			★		★	★	★		★		
2012-08-06								★					
2012-08-07			★				★					★	
2012-08-15													
2012-08-16			★										
2012-08-17													
2012-08-19			★			★							
2012-08-20								★				★	
2012-08-21													
2012-08-23													
2012-08-24													
2012-08-25													
2012-08-27													
2012-08-30													
2012-08-31									★				
2012-09-01													
2012-09-02													
2012-09-03													

绥化										大庆				
绥化	海伦	明水	绥棱	青冈	望奎	安达	肇东	兰西	庆安	大庆	林甸	肇源	杜尔伯特	肇州
★														
★	★													

日期	哈尔滨												
	哈尔滨	五常	巴彦	呼兰	阿城	宾县	木兰	通河	方正	延寿	尚志	依兰	双城
2012-09-08							★			★	★	★	
2012-09-11											★		
2012-09-15			★				★	★					
2012-09-16							★					★	
2012-09-21													
2012-09-22													
2012-09-24											★		
2012-09-25							★	★				★	
2012-09-26													
2012-09-27	★		★					★	★	★	★		
2012-10-01													
2012-10-14									★		★		
2012-10-25	★	★	★	★	★	★	★	★	★	★	★	★	★
2012-10-26			★	★	★							★	
2012-11-09								★				★	
2012-11-10			★				★	★	★	★	★	★	
2012-11-15													
2012-11-18		★			★								
2013-03-04	★												
2013-04-24													
2013-04-25													
2013-05-10													
2013-05-14													
2013-05-16		★					★	★		★	★		
2013-05-22													
2013-05-23													
2013-06-03													
2013-06-06													
2013-06-11													
2013-06-14													
2013-06-15													
2013-06-16													
2013-06-19							★						
2013-06-26													
2013-06-29													

绥化										大庆				
绥化	海伦	明水	绥棱	青冈	望奎	安达	肇东	兰西	庆安	大庆	林甸	肇源	杜尔伯特	肇州
	★				★			★				★	★	
						★								★
								★						
★				★	★	★	★	★	★			★		★
								★						
★		★			★				★					
★		★	★	★	★			★	★					
	★													
													★	
						★					★	★		★
												★		

日期	哈尔滨												
	哈尔滨	五常	巴彦	呼兰	阿城	宾县	木兰	通河	方正	延寿	尚志	依兰	双城
2013-06-30													
2013-07-01													
2013-07-11													
2013-07-26													
2013-07-30													
2013-08-01													
2013-08-04													
2013-08-05													
2013-08-07													
2013-08-12													
2013-08-20		★											
2013-08-21													
2013-08-22													
2013-08-23													
2013-08-24								★					
2013-08-25													
2013-08-27												★	
2013-08-28											★		
2013-08-29													
2013-08-31													
2013-09-01													
2013-09-02												★	
2013-09-03		★	★		★						★		
2013-09-04								★	★		★		
2013-09-05													
2013-09-06							★					★	
2013-09-07													
2013-09-08			★	★			★	★			★		
2013-09-09							★	★			★	★	
2013-09-12													
2013-10-20	★												
2013-10-21	★		★	★	★	★	★	★	★	★	★	★	★
2013-10-22	★	★	★	★	★	★	★	★	★	★	★	★	★
2013-10-23	★				★				★	★	★	★	
2013-10-24													

绥化										大庆				
绥化	海伦	明水	绥棱	青冈	望奎	安达	肇东	兰西	庆安	大庆	林甸	肇源	杜尔伯特	肇州
								★						
					★									
★			★			★		★						
★				★	★			★						
	★			★	★	★	★	★			★	★	★	★
★			★	★	★	★	★	★	★		★	★	★	★
★				★	★	★	★	★	★			★	★	★
				★		★	★					★		★
														★

日期	哈尔滨												
	哈尔滨	五常	巴彦	呼兰	阿城	宾县	木兰	通河	方正	延寿	尚志	依兰	双城
2013-11-01	★	★	★	★			★	★			★		
2013-11-03		★	★	★	★	★	★	★			★		★
2013-11-04		★			★		★	★	★	★	★	★	
2013-11-15													
2013-11-16													
2013-11-17													
2013-11-19													
2013-11-23	★	★	★	★	★	★		★		★	★	★	★
2013-11-24	★	★	★	★	★	★	★	★	★	★	★	★	★
2013-12-07			★					★					
2013-12-10	★												
2013-12-17		★	★	★									
2014-02-16			★			★	★						
2014-02-25		★			★	★	★	★		★	★		★
2014-02-26								★			★		
2014-08-29													
2014-09-13								★					
2014-09-18													
2014-10-10							★	★		★	★		
2014-10-25			★			★	★			★			
2014-11-01	★	★			★	★							
2015-03-03													
2015-03-17													
2015-03-29				★				★			★		
2015-04-11													
2015-10-06													
2015-10-07									★				
2015-10-11													
2015-10-16													
2015-11-03			★			★	★				★		
2015-11-10			★	★									★
2015-11-11			★	★		★							★
2015-11-12			★	★					★	★			
2015-11-13													
2015-11-14													

| 绥化 | | | | | | | | | | 大庆 | | | | |
绥化	海伦	明水	绥棱	青冈	望奎	安达	肇东	兰西	庆安	大庆	林甸	肇源	杜尔伯特	肇州
★	★	★	★				★							★
			★											
★	★		★		★	★	★		★					★
★	★		★		★				★					
									★					
★			★						★					
						★								
★				★	★									
★			★	★	★		★							
			★	★	★	★	★		★					
	★		★											
			★		★			★	★					
	★		★						★					
	★	★				★					★		★	★
	★													
	★		★				★		★					
							★	★						
											★			★
★	★		★	★	★	★	★	★		★	★	★		★
	★							★						★
									★				★	

日期	哈尔滨												
	哈尔滨	五常	巴彦	呼兰	阿城	宾县	木兰	通河	方正	延寿	尚志	依兰	双城
2015-12-09			★			★							
2015-12-10			★		★	★							
2016-04-13													
2016-09-06													
2016-09-07													
2016-09-11													
2016-09-14													
2016-09-18				★				★					
2016-09-22													
2016-10-22													
2016-11-27													
2016-12-18	★		★	★				★					★
2016-12-19							★						
2016-12-31													★
2017-01-01							★						
2017-01-03													
2017-01-19													
2017-02-04													
2017-02-13	★		★	★			★	★					
2017-02-14			★										
2017-02-28													
2017-04-01													
2017-04-18													
2017-08-03													
2017-08-06													
2017-09-03													
2017-09-06													
2017-09-18													
2017-09-19								★		★	★		
2017-11-07													

绥化										大庆				
绥化	海伦	明水	绥棱	青冈	望奎	安达	肇东	兰西	庆安	大庆	林甸	肇源	杜尔伯特	肇州
★	★		★						★					
★	★				★			★	★					★
★			★		★						★			★
★	★				★									
			★											
														★
★	★		★	★	★	★			★		★	★	★	★
	★	★	★		★				★		★		★	
★	★		★	★	★		★	★	★			★		
★	★	★	★	★	★			★	★		★	★	★	
	★	★												
						★	★	★						
	★		★											
	★				★			★	★		★			
			★						★					
	★		★						★					
							★						★	★
				★	★		★	★						★
	★		★		★									

145

日期	七台河		鸡西				牡丹江						
	七台河	勃利	鸡西	虎林	密山	鸡东	牡丹江	东宁	林口	海林	穆棱	绥芬河	宁安
2012-03-08													
2012-03-10				★									
2012-03-28									★		★	★	
2012-04-24									★		★	★	★
2012-04-25												★	
2012-05-01													
2012-05-11													
2012-05-15										★			
2012-05-16												★	
2012-05-24							★		★	★			
2012-05-28												★	
2012-06-01												★	
2012-06-02													
2012-06-05													
2012-06-06												★	
2012-06-08												★	
2012-06-09								★				★	
2012-06-13												★	
2012-06-14												★	
2012-06-15												★	
2012-06-16												★	
2012-06-17												★	
2012-06-18	★				★			★	★			★	
2012-06-19	★							★	★	★		★	
2012-06-20									★				
2012-06-21												★	
2012-07-01												★	
2012-07-03												★	
2012-07-04												★	
2012-07-05		★										★	
2012-07-06										★	★	★	★
2012-07-08													
2012-07-10												★	
2012-07-12												★	
2012-07-13												★	

佳木斯、双鸴山大雾普查结果

鹤岗			佳木斯							双鸭山				
鹤岗	萝北	绥滨	佳木斯	同江	抚远	富锦	汤原	桦川	桦南	双鸭山	宝清	饶河	集贤	友谊
		★		★		★						★		
							★							
							★							
				★										
			★											
													★	
								★				★		
★														
					★							★		
												★		
				★										
												★		

日期	七台河		鸡西				牡丹江						
	七台河	勃利	鸡西	虎林	密山	鸡东	牡丹江	东宁	林口	海林	穆棱	绥芬河	宁安
2012-07-14												★	
2012-07-15				★							★	★	
2012-07-16													
2012-07-17													
2012-07-20													
2012-07-24								★				★	
2012-07-25												★	
2012-07-26												★	
2012-07-27													
2012-07-28													
2012-07-29												★	
2012-07-30		★										★	
2012-07-31												★	
2012-08-01												★	
2012-08-02													
2012-08-03												★	
2012-08-04												★	
2012-08-05												★	★
2012-08-06											★		
2012-08-07				★						★	★	★	
2012-08-15													
2012-08-16			★	★					★	★	★	★	
2012-08-17								★	★	★	★	★	
2012-08-19					★							★	
2012-08-20			★		★					★	★	★	★
2012-08-21					★		★				★	★	
2012-08-23							★		★	★	★	★	
2012-08-24												★	
2012-08-25						★		★	★			★	
2012-08-27								★				★	
2012-08-30													
2012-08-31													
2012-09-01													
2012-09-02													
2012-09-03							★						

鹤岗			佳木斯							双鸭山				
鹤岗	萝北	绥滨	佳木斯	同江	抚远	富锦	汤原	桦川	桦南	双鸭山	宝清	饶河	集贤	友谊
												★		
												★		
												★		
		★	★				★							
	★											★		
				★	★									
	★	★		★		★								
								★						
	★						★					★		
												★		
												★		
												★		
					★									
	★					★								
		★					★							
	★													
		★		★		★	★							

日期	七台河		鸡西				牡丹江						
	七台河	勃利	鸡西	虎林	密山	鸡东	牡丹江	东宁	林口	海林	穆棱	绥芬河	宁安
2012-09-08									★			★	
2012-09-11				★			★		★		★	★	★
2012-09-15													★
2012-09-16									★	★	★	★	★
2012-09-21				★									
2012-09-22													
2012-09-24							★		★		★	★	★
2012-09-25									★	★	★	★	
2012-09-26												★	
2012-09-27	★	★	★		★	★	★		★		★	★	
2012-10-01									★		★	★	
2012-10-14			★						★		★		
2012-10-25		★		★					★				
2012-10-26				★			★						★
2012-11-09													
2012-11-10										★		★	★
2012-11-15													
2012-11-18													
2013-03-04													
2013-04-24													
2013-04-25									★				
2013-05-10													
2013-05-14		★	★									★	
2013-05-16							★		★			★	★
2013-05-22													
2013-05-23													
2013-06-03													
2013-06-06			★	★	★							★	
2013-06-11								★					
2013-06-14				★	★							★	
2013-06-15								★					
2013-06-16													
2013-06-19			★						★		★		
2013-06-26												★	
2013-06-29													

鹤岗			佳木斯							双鸭山				
鹤岗	萝北	绥滨	佳木斯	同江	抚远	富锦	汤原	桦川	桦南	双鸭山	宝清	饶河	集贤	友谊
			★											
												★		
					★							★		
												★		
			★				★							
			★			★				★	★			
										★				
		★				★							★	
												★		

日期	七台河		鸡西				牡丹江						
	七台河	勃利	鸡西	虎林	密山	鸡东	牡丹江	东宁	林口	海林	穆棱	绥芬河	宁安
2013-06-30												★	
2013-07-01												★	
2013-07-11													
2013-07-26												★	
2013-07-30		★										★	
2013-08-01			★	★					★			★	
2013-08-04												★	
2013-08-05													
2013-08-07													
2013-08-12				★					★				
2013-08-20													
2013-08-21			★						★		★	★	
2013-08-22													
2013-08-23													
2013-08-24													
2013-08-25									★		★		★
2013-08-27									★			★	
2013-08-28									★	★	★	★	
2013-08-29												★	
2013-08-31			★	★					★	★	★	★	★
2013-09-01									★		★	★	★
2013-09-02			★		★	★			★		★	★	
2013-09-03			★	★					★		★	★	
2013-09-04									★	★	★	★	★
2013-09-05									★				
2013-09-06				★					★	★	★	★	
2013-09-07				★					★		★	★	
2013-09-08				★							★	★	
2013-09-09			★	★			★		★	★	★	★	
2013-09-12												★	
2013-10-20			★		★	★							
2013-10-21		★	★	★	★	★	★		★		★		★
2013-10-22	★		★	★	★	★			★		★	★	★
2013-10-23			★	★	★	★		★	★		★		
2013-10-24		★	★	★	★							★	

鹤岗			佳木斯							双鸭山				
鹤岗	萝北	绥滨	佳木斯	同江	抚远	富锦	汤原	桦川	桦南	双鸭山	宝清	饶河	集贤	友谊
			★											
★	★		★				★					★		
	★											★		
			★									★		
												★		
			★				★		★			★		
												★		
												★		
		★												
	★						★					★		
											★	★		
			★						★			★		
									★					
												★		
												★		
		★		★		★			★			★		
							★					★		
		★	★	★		★					★			
	★	★	★		★	★				★	★	★	★	
		★	★		★	★		★			★	★	★	
★	★	★	★	★	★	★	★			★	★	★	★	
										★	★			

日期	七台河		鸡西				牡丹江						
	七台河	勃利	鸡西	虎林	密山	鸡东	牡丹江	东宁	林口	海林	穆棱	绥芬河	宁安
2013-11-01													
2013-11-03													
2013-11-04							★				★		★
2013-11-15													
2013-11-16													
2013-11-17												★	
2013-11-19				★									
2013-11-23													
2013-11-24							★		★				★
2013-12-07													
2013-12-10													★
2013-12-17													
2014-02-16													
2014-02-25													
2014-02-26						★			★	★			★
2014-08-29													
2014-09-13									★		★	★	
2014-09-18													
2014-10-10	★										★		
2014-10-25	★	★											
2014-11-01													
2015-03-03													
2015-03-17													
2015-03-29		★											★
2015-04-11													
2015-10-06													
2015-10-07	★		★	★	★	★	★		★		★	★	★
2015-10-11			★			★			★				
2015-10-16													
2015-11-03	★												
2015-11-10													
2015-11-11													★
2015-11-12													
2015-11-13							★		★		★		★
2015-11-14					★						★		★

鹤岗			佳木斯							双鸭山				
鹤岗	萝北	绥滨	佳木斯	同江	抚远	富锦	汤原	桦川	桦南	双鸭山	宝清	饶河	集贤	友谊
			★											
							★		★			★		
★		★		★		★								
	★	★	★	★		★								
		★			★	★				★	★	★		
										★	★			
			★				★							
			★				★		★					
										★	★			
				★										
									★					
	★	★	★				★				★		★	
		★							★					

日期	七台河		鸡西				牡丹江						
	七台河	勃利	鸡西	虎林	密山	鸡东	牡丹江	东宁	林口	海林	穆棱	绥芬河	宁安
2015-12-09													
2015-12-10													
2016-04-13									★				
2016-09-06													
2016-09-07		★											
2016-09-11													
2016-09-14													
2016-09-18													
2016-09-22													
2016-10-22													
2016-11-27							★				★		★
2016-12-18													
2016-12-19			★			★			★				★
2016-12-31													
2017-01-01													
2017-01-03													
2017-01-19													
2017-02-04													
2017-02-13													
2017-02-14													
2017-02-28													
2017-04-01													
2017-04-18													
2017-08-03													
2017-08-06													
2017-09-03													
2017-09-06													
2017-09-18													
2017-09-19													
2017-11-07		★											

鹤岗			佳木斯							双鸭山				
鹤岗	萝北	绥滨	佳木斯	同江	抚远	富锦	汤原	桦川	桦南	双鸭山	宝清	饶河	集贤	友谊
							★							
	★	★												
									★		★			

黑龙江省沙尘普查结果

日期	总站数	一类站数	大兴安岭	黑河	伊春	齐齐哈尔	哈尔滨	绥化	大庆	七台河	鸡西	牡丹江	鹤岗	佳木斯	双鸭山
2012-04-08	7	3					5		2						
2012-04-13	3	1					1		2						
2015-05-01	3	2					1	1	1						
2015-05-05	10	5					5		2	1		1		1	
2016-04-01	5	2					1	2	2						
2016-05-14	6	3		1		3			2						
2017-04-05	3	1					2		1						
2017-04-29	5	1				2	1	2							
2017-05-03	16	7		1		6		6	3						
2017-05-04	27	12		4	2	10	2	6	3						
2017-05-05	12	5			1	1	4	6							

日期	大兴安岭							黑河					
	加格达奇	北极村	漠河	塔河	呼中	新林	呼玛	黑河	孙吴	逊克	五大连池	北安	嫩江
2015-03-07			★		★			★	★	★	★		
2015-10-17					★	★		★			★		
2015-10-23	★		★					★	★	★	★	★	★
2015-11-04	★		★	★	★	★	★	★	★	★	★	★	★
2015-11-15	★		★	★	★	★		★	★	★	★		
2015-12-05			★		★	★							
2015-12-10											★	★	
2015-12-23					★			★	★	★	★	★	★
2016-01-02													
2016-01-13			★		★	★	★				★	★	
2016-02-12	★		★		★	★	★	★	★		★		★
2016-02-13			★	★			★	★			★	★	
2016-03-13	★		★		★	★		★			★		
2016-04-07							★	★	★				
2016-11-11	★		★		★	★					★	★	★
2016-12-04	★			★	★	★		★	★	★	★	★	★
2016-12-23													
2016-12-26	★				★	★					★	★	
2017-02-16	★										★	★	★
2017-02-17	★		★		★	★					★		★
2017-02-22										★			★
2017-02-28			★		★	★	★		★				★
2017-03-01				★		★	★	★			★		
2017-09-26											★	★	★
2017-11-10	★		★	★	★	★	★				★	★	★
2017-11-28									★			★	★

齐齐哈尔沙尘普查结果

伊春					齐齐哈尔									
伊春	嘉荫	乌伊岭	铁力	五营	齐齐哈尔	讷河	克山	克东	龙江	甘南	富裕	依安	拜泉	泰来
★	★		★	★										
★	★	★	★	★	★		★	★	★	★	★	★	★	★
★	★	★	★	★				★					★	★
★	★	★	★	★	★	★	★	★	★	★	★	★	★	★
★	★	★	★	★			★	★	★					★
★					★			★	★					
★	★	★	★	★		★	★				★	★	★	
	★	★	★			★	★	★				★	★	
	★													
		★		★	★						★			
	★	★	★		★									
★	★	★	★				★						★	
	★	★	★											
		★		★										
		★				★	★	★				★	★	★
★	★	★	★	★	★	★	★	★				★	★	★
		★					★							
★	★		★	★		★								
★		★	★	★		★	★	★	★			★	★	
		★				★						★		
★		★			★							★	★	★
★		★				★	★				★	★		
★	★	★	★	★									★	
		★			★		★	★	★	★	★	★	★	★
		★				★					★			
★	★	★	★		★	★	★	★				★	★	★

日期	哈尔滨												
	哈尔滨	五常	巴彦	呼兰	阿城	宾县	木兰	通河	方正	延寿	尚志	依兰	双城
2012-04-08	★		★			★	★					★	
2012-04-13	★												
2015-05-01	★												
2015-05-05	★	★	★					★				★	
2016-04-01	★												
2016-05-14													
2017-04-05	★			★									
2017-04-29		★											
2017-05-03													
2017-05-04	★			★									
2017-05-05	★	★	★	★									

沙尘普查结果

	绥化										大庆				
绥化	海伦	明水	绥棱	青冈	望奎	安达	肇东	兰西	庆安	大庆	林甸	肇源	杜尔伯特	肇州
												★		★
										★			★	
								★						★
													★	★
					★			★				★		★
											★		★	
												★		
				★	★									
★	★		★	★	★		★				★	★		★
★	★		★	★	★		★				★		★	★
		★	★	★		★	★		★					

163

日期	七台河		鸡西				牡丹江						
	七台河	勃利	鸡西	虎林	密山	鸡东	牡丹江	东宁	林口	海林	穆棱	绥芬河	宁安
2012-04-08													
2012-04-13													
2015-05-01													
2015-05-05		★					★						
2016-04-01													
2016-05-14													
2017-04-05													
2017-04-29													
2017-05-03													
2017-05-04													
2017-05-05													

佳木斯、双鸭山沙尘普查结果

鹤岗			佳木斯							双鸭山				
鹤岗	萝北	绥滨	佳木斯	同江	抚远	富锦	汤原	桦川	桦南	双鸭山	宝清	饶河	集贤	友谊
			★											

二、2012—2017年灾害性天气分析

天气过程筛选标准说明

本部分给出了 2012—2017 年黑龙江省暴雨、大（暴）雪、寒潮、雨夹雪、大风、大雾和沙尘 7 类灾害性天气的过程分析。在第一部分普查的基础上，各灾害性天气过程筛选标准如下：

1. 暴雨：≥1 站出现暴雨，且相邻有 3～5 站以上大雨；或者相邻≥3 站暴雨。
2. 大（暴）雪：相邻≥3 站出现大雪，或者暴雪站≥1 站。
3. 寒潮：≥40 站。
4. 雨夹雪：≥10 站。
5. 大风：≥10 站。
6. 大雾：相邻≥3 站。
7. 沙尘：相邻≥3 站。

本部分主要由 7 个表格组成，分别对应暴雨、大（暴）雪、寒潮、雨夹雪、大风、大雾和沙尘 7 类灾害性天气的过程分析，内容包括个例编号、天气特点、出现时间、主要影响系统、系统演变、空间差异分析等。表中，编号为 AAYYYYMMDD，其中 AA 表示天气类型，如 BY（暴雨）、DX（大雪）、HC（寒潮）、YX（雨夹雪）、DF（大风）、DW（大雾）、SC（沙尘）；后八位为过程起始日期，YYYY 为年，MM 为月，DD 为日。时间表示过程起止日期及时次，其中大雾过程持续时间短，只有一个时间的，说明只有一个时刻观测到大雾。

以下描述中对部分术语使用了简称：西太平洋副热带高压简称"副高"，贝加尔湖简称"贝湖"，乌拉尔山简称"乌山"，鄂霍次克海简称"鄂海"，巴尔喀什湖简称"巴湖"，河套地区简称"河套"。

编号	时间（日时—日时）	天气特点					主要影响系统		类型
		主要影响区域	暴雨站数	大暴雨站数	日降水极值(mm)	极值站	高空	地面	
BY20120609	0908—1008	黑龙江省中部	6	0	84.3	铁力	低涡、低空急流、切变线	低压、暖锋	低涡类
BY20120701	0108—0208	黑龙江省西南部	1	0	61.3	青冈	低涡、低空急流、切变线	低压、暖锋	低涡类
BY20120708	0808—0908	内蒙古东北部和黑龙江省西南部	2	0	93.8	五大连池	低槽、切变线	暖锋	暖锋锋生
	0908—1008	黑龙江省西南部	1	0	70.0	安达			
	1008—1108	黑龙江省东北部	2	0	60.0	萝北			
BY20120722	2208—2308	东北地区西部和南部	1	0	56.4	兰西	低槽(涡)、低空急流、切变线	低压、冷锋	低涡类
BY20120726	2608—2708	小兴安岭	4	0	90.3	逊克	低槽(涡)、低空急流、切变线	低压、暖锋	低涡类

过程分析

主要系统演变	天气现象特点	空间出现差异原因	备注
9日低涡从贝湖向东南偏南方向移动并加强,偏南风低空急流在9日08时达到最强。925 hPa中南部有低空切变线,温度层结上冷下暖。北来气旋南下加强	对流性降水,强度大,局地性强,9日14—20时有3个站雨量超过50 mm	影响系统位置、水汽辐合以及动力、热力抬升条件不同	
7月1日08时至2日08时,低层冷锋锋区和暖锋锋区加强,低涡加强。地面南、北两个低压系统合并且略加强。低空西南风加强为急流,急流左前方气旋性环流加强,黑龙江省位于急流出口区,高、低空急流作用耦合	对流性降水,强度大,局地性强,14—20时,安达、大庆、青冈3个站雨量超过40 mm	影响系统位置、水汽辐合以及动力、热力抬升条件不同	这次降水天气过程持续时间较长
西南暖空气进入,与残留冷空气交汇,在黑龙江省西南部产生暖锋锋生,层结上冷下暖,对流性形势较长时间维持	对流性降水,强度大,局地性强,五大连池8日14—20时雨量达79 mm	低层暖、中高层冷的对流性局地暴雨,影响系统位置与热力抬升条件和地形迎风坡条件差异	暖空气背景下的局地对流性暴雨,持续时间长,伴有局地雷暴大风和冰雹,每天情况有差异
	雷雨长时间维持在安达附近	热力抬升条件差异,地面辐合线位置差异	
鄂海横槽西移南下,冷空气与大陆暖脊交绥,锋区加强,并形成地面东西向辐合线以及低层切变线	对流性降水,强度大,局地性强,10日14—20时两个站超40 mm的强降雨	切变线或辐合线或锋区位置差异	
贝湖低涡东移加强;21日夜间华北低压生成东移北上且强度加强。21日20时至22日20时,从渤海向北的偏南风逐渐加强到急流程度,低空辐合区域较窄。地面南、北分别有两个低压系统影响	降水从21日20时前后在黑龙江省西部开始,开始时是对流性降水,22日08时以后转为稳定性降水	影响系统位置不同,水汽辐合以及动力、热力抬升条件不同	
暖锋锋生过程降水。高空槽东移加强成闭合低涡,槽前低空急流带来水汽,地面蒙古低压东移北上加强	降水以对流性降水为主,持续时间较长。26日08—14时,逊克雨量达到71 mm	影响系统位置不同,水汽辐合以及动力、热力抬升条件不同	

编号	时间（日时—日时）	天气特点					主要影响系统		类型
		主要影响区域	暴雨站数	大暴雨站数	日降水极值(mm)	极值站	高空	地面	
BY20120728	2808—2908	内蒙古东部、黑龙江省松嫩平原、三江平原西部	15	2	130.7	杜尔伯特	低涡、低空急流、切变线	低压、暖锋	低涡类
	2908—3008	小兴安岭、三江平原西部和北部	15	0	90.9	富锦			
	3008—3108	黑龙江省东北部	1	0	69.6	嘉荫			
BY20120828	2808—2908	东北地区中东部	9	3	111.8	阿城	低涡	台风及其变性的温带气旋	台风暴雨
	2908—3008	小兴安岭	7	1	106.2	嘉荫			
BY20120911	1108—1208	黑龙江省西南部	2	0	75.7	依安	低槽（涡）、低空急流、切变线	低压、锋面	低涡类
	1208—1308	小兴安岭	2	0	70.4	嫩江			

主要系统演变	天气现象特点	空间出现差异原因	备注
河套低压北上,低层形成较强的西南风急流,29 日 08 时至 30 日 20 时低空切变线在黑龙江省南部维持。地面有蒙古低压生成并东移北上、强度加强。30 日低压向东北方向移动,强度减弱,较大降水区域也随之向东移动,降水强度逐渐减弱	混合性降雨,降雨效率高	影响系统位置不同,水汽辐合以及动力、热力抬升条件不同	7 月下旬多冷涡或高空槽活动,冷空气势力偏强,副高偏北偏西偏强且稳定少动。连续出现较大降雨天气过程
台风"布拉万"沿偏西偏北的副高西部边缘向偏东北偏北方向移动,28 日下午在朝鲜西南登陆,28 日夜间开始影响黑龙江省南部地区。29 日上午"布拉万"以热带风暴级别进入黑龙江省南部。29 日 14 时在黑龙江省通河县境内减弱为热带低压,17 时停止编号。在其北上的过程中有冷空气补充,台风变性为温带气旋,但是中心强度减弱缓慢	台风暴雨,对流并不强,只是偶尔伴有雷电;但是水汽和动力抬升条件极好,降水效率高,持续时间较长。降雨强度多为 20～50 mm/6 h,偶尔达到 100 mm/6 h	台风的路径及其北部倒槽影响区域不同	台风倒槽区主要为暴雨区,台风移动路径右侧主要为大风区
暖锋锋生降水。贝湖附近有经向度较大的东北—西南向的高空槽缓慢东移并转竖,强度略有加强,形成低涡。同时形成偏南风低空急流,10 日 20 时在内蒙古中部形成蒙古气旋,之后气旋沿引导气流向东北偏北向移动,且强度逐渐加强。当 500 hPa 槽切涡后,降雨减弱	11 日以对流性降水为主,12 日转为稳定性降水。降雨强度多为 10～15 mm/6 h	影响系统位置不同,水汽辐合以及动力、热力抬升条件不同	

编号	时间（日时—日时）	天气特点					主要影响系统		类型
		主要影响区域	暴雨站数	大暴雨站数	日降水极值(mm)	极值站	高空	地面	
BY20120917	1708—1808	吉林省东北部和黑龙江省东部	11	0	71.9	宁安	低涡	台风及其变性的温带气旋	台风暴雨
	1808—1908	黑龙江省东北部	1	0	58.4	抚远			
BY20130629	2908—3008	黑龙江省南部、吉林省北部	4	0	65.9	双城	切变线	暖锋	暖锋暴雨
BY20130702	0208—0308	黑龙江省西南部、吉林省西北部	13	0	77.5	讷河	低槽加强成低涡	低压	低涡暴雨
BY20130703	0308—0408	黑龙江省西南部及吉林省北部部分市、县	1	0	70.4	五常	低槽	低压	东北低涡暴雨
BY20130707	0708—0808	黑龙江省大兴安岭地区、内蒙古地区东北部	2	0	71.1	呼玛	低涡、低空急流、暖切	暖锋	低涡暴雨
BY20130719	1908—2008	黑河西南部、齐齐哈尔东北部、大庆、绥化	8	0	87.8	富裕	低涡、低空急流、切变线	低压倒槽加强为低压	高空槽暴雨

主要系统演变	天气现象特点	空间出现差异原因	备注
2012年第16号台风"三巴"沿副高西侧偏南气流向偏北方向移动,17日上午在朝鲜东南部登陆后逐渐减弱为热带风暴,到18日08时,中心位于黑龙江、吉林与俄罗斯交界处附近,变性为温带气旋	台风暴雨,无雷电记录;降水效率高,持续时间长。降雨强度多为20~30 mm/6 h,偶尔达到61 mm/6 h。黑龙江省内较大区域以降雨天气为主,黑龙江省以东区域有大风天气	台风的路径及其北部倒槽影响区域不同	影响系统位置不同,水汽辐合以及动力、热力抬升条件不同
弱冷空气自西北进入、暖脊自西南向东北,黑龙江省南部低压倒槽形成暖锋锋生	黑龙江省至吉林省交接地区形成连片大到暴雨区	冷空气沿暖脊下滑,交接地区形成大到暴雨区	
低值系统入海强烈发展	齐齐哈尔、大庆、绥化、哈尔滨西部出现区域性暴雨,鹤岗、鸡西地区出现单点暴雨及吉林省北部部分市县出现5个暴雨点	锢囚锋线	
强低涡控制黑龙江省西南部地区,系统7月3日11时由最强开始减弱	齐齐哈尔、大庆、绥化、哈尔滨及吉林省北部部分市县出现区域性大雨,1个暴雨点位于哈尔滨东南部	强低涡控制黑龙江省西南部地区	
冷空气由东西伯利亚南下,暖空气由河套向东北伸展,冷暖交汇于大兴安岭地区,暖锋锋生	大兴安岭地区、内蒙古地区东北部出现区域性暴雨	高空锋区位置	
高空槽逐渐加深成涡,槽前西南气流逐渐加强,在黑龙江省西南部地区形成强辐合中心,降水初期有副高外围水汽的输送	黑河西南部、齐齐哈尔东北部、大庆、绥化出现区域性暴雨	系统主体偏西	

编号	时间（日时—日时）	天气特点					主要影响系统		类型
		主要影响区域	暴雨站数	大暴雨站数	日降水极值(mm)	极值站	高空	地面	
BY20130723	2308—2408	黑龙江省东南部地区	2	0	64.0	牡丹江	低涡、低槽、低空急流、切变线	蒙古低压、锢囚锋	东北冷涡暴雨
BY20130724	2408—2508	黑龙江省三江平原地区	3	0	65.2	虎林	低涡、低空急流、切变线	低压	东北低涡暴雨
BY20130725	2508—2608	黑龙江省东北部地区	3	0	90.0	同江	低涡、低空急流、切变线	低压	东北低涡暴雨
BY20130729	2908—3008	黑龙江省西部地区	2	1	106.5	杜蒙	低涡、低槽、低空急流、切变线	暖锋	低涡类
BY20130807	0708—0808	黑龙江省东南部地区	5	0	82.9	木兰	低涡、低空急流、切变线	暖锋	东北低涡暴雨

主要系统演变	天气现象特点	空间出现差异原因	备注
冷空气由贝湖东移南下,低涡加强;蒙古气旋北上加强	牡丹江出现两站暴雨,周围有区域性大雨	副高外围的高温、高湿气流输送	鄂海高压维持,低涡长时间停留
东北低涡加强东移,影响黑龙江省东部地区	三江平原出现区域性大雨,3站暴雨	东北低涡影响黑龙江省东部地区的时间长	
东北低涡加强东移,影响黑龙江省东部地区(低涡减弱填塞,辐合带仍维持在东部地区)	佳木斯、双鸭山出现3站暴雨,周围有区域性大雨	东北低涡影响黑龙江省东部地区的时间长,日本海上水汽源源不断地输送	
乌山—鄂海为庞大的低值系统,黑龙江北部为一低值中心。西南暖中心靠近,在黑龙江西南部形成弱暖锋锋生	黑河1站暴雨、大庆1站大暴雨,大雨站数较少	系统主体偏北	
7日08时河套低槽东移到120°E附近,从850 hPa风场可见,槽后冷空气南下速度明显增强,最强风速达到20 m/s,槽前来自黄、渤海的西南暖湿气流风速达到16 m/s,显著流线位于黑龙江省中部地区,风速辐合的动力抬升作用明显。主要降水过程就出现在之后的12 h内。7日20时500 hPa低涡减弱成低槽,850 hPa转为冷槽控制	伊春出现单点暴雨,哈尔滨、七台河、牡丹江北部一线出现4站暴雨,周围有大雨		

编号	时间 （日时— 日时）	天气特点					主要影响系统		类型
		主要影响 区域	暴雨 站数	大暴雨 站数	日降水极 值(mm)	极值 站	高空	地面	
BY20130812	1208—1308	黑龙江省 西部地区	4	2	102.3	绥棱	低槽、低空 急流	低压、暖锋	高空槽 暴雨
BY20140626	2608—2708	黑龙江省 中部地区	3	0	89.7	铁力	高空槽、低涡、 低空急流、 切变线	东北低压、 倒槽	东北低 涡暴雨
BY20140707	0708—0808	黑龙江省 西部	2	0	62.0	呼中	高空冷涡、 高低空急流、 切变线	蒙古气旋、 暖锋、中尺 度辐合线	暖锋锋 生暴雨
BY20140708	0808—0908	黑龙江省 北部	2	0	90.5	嘉荫	高空冷涡、 高低空急流、 切变线	蒙古气旋、 暖锋	暖锋锋 生暴雨
BY20140717	1708—1808	黑龙江省 东部	2	0	65.1	桦南	高空槽、低涡、 切变线	新生低压、 中尺度辐 合线	东北低 涡暴雨
BY20140719	1908—2008	黑龙江省 西部	4	0	95.3	讷河	副高、冷槽、 高低空急流、 切变线	冷锋、中尺 度辐合线	辐合气流 型暴雨

主要系统演变	天气现象特点	空间出现差异原因	备注
暖锋锋区逐渐加强,有暖锋锋生	绥化北部出现区域性暴雨、哈尔滨地区1站暴雨	暖锋锋生产生暴雨区	(海伦101 mm)
高空深槽发展切断成涡,低空有低涡生成,低涡东侧偏南风加强,存在风速辐合和切变线。地面东北低压新生,北部倒槽辐合加强,夜间降水效率高	暴雨落区集中,局地性强,降水主要出现在夜间,雨强大(51 mm/6 h)	低空急流风速大值区前部与地面低压倒槽对应的区域,水汽辐合、抬升条件好	
贝湖冷槽东移发展成冷涡,低涡前部为暖平流,后部为冷平流。高、低空急流增强,高空急流出口区左侧。低层气旋发展,降水出现在低空急流左侧。蒙古气旋北上加强,低压前部暖锋降水时间长	暴雨落区分散,局地短时强降水,降水主要出现在夜间	呼中为中尺度辐合抬升降水。泰来为暖锋锋生降水	
高空冷涡东移发展,高低空急流增强。高空分流区,低空急流前部暖式风切变。地面气旋稳定少动,暖锋降水持续	降水落区偏北,暴雨落区集中,局地性强,降水主要出现在午后,雨强大(64 mm/6 h)	气旋强烈发展,移动缓慢,暖锋锋生区降水强度大	伴随大风
高空槽具有前倾结构,低涡前部有暖式切变线。低层偏南气流风速辐合,并有来自日本海的水汽输送。地面新生低压和中尺度辐合线抬升	降水落区偏东、暴雨落区分散,降水时段集中,雨强大(50 mm/6 h)	前倾槽造成不稳定层结,海上的显著流线左侧辐合形成暴雨	
副高北上水汽和不稳定能量增强。850 hPa暖脊北伸,北部弱冷空气南下,冷、暖空气交汇,不稳定性增强。高、低空急流发展,高空急流分流区,低空急流轴前部风速辐合区。低空水汽输送强。冷锋降水	暴雨落区集中,局地性强,有短时强降水(14时—次日02时)	地面中尺度辐合线有利于形成中尺度对流雨带,雨带列车效应产生强降水	

编号	时间（日时—日时）	天气特点					主要影响系统		类型
		主要影响区域	暴雨站数	大暴雨站数	日降水极值(mm)	极值站	高空	地面	
BY20140720	2008—2108	黑龙江省中西部	6	0	82.1	拜泉	高空槽、低涡、高低空急流、切变线	蒙古气旋、暖锋	暖锋锋生暴雨
BY20140723	2308—2408	黑龙江省中部	1	0	73.0	铁力	高空槽、切变线	冷锋	冷锋暴雨
BY20140731	3108—0108	黑龙江省西部	2	0	62.9	克山	高空槽、低空急流、切变线	冷锋	冷锋暴雨（远距离台风）
BY20150607	0708—0808	黑龙江省西南部	1	0	55.9	林甸	低涡、切变线、低空急流	低压	低涡暴雨
BY20150617	1708—1808	东北地区西部、黑龙江省西南部	1	0	80.1	泰来	高空槽、低涡、切变线	低压	低涡暴雨

主要系统演变	天气现象特点	空间出现差异原因	备注
500 hPa 暖脊对应的低层有气旋新生,850 hPa 低空急流与暖脊形成暖锋锋生。高、低空急流发展,高空分流区,低空急流轴出口区左侧,暖式风切变。蒙古气旋北上,低压前部暖锋降水	暴雨落区集中,局地性强,短时强降水(14—20时)	暖锋锋生,水汽和不稳定能量条件好,暖锋附近有辐合抬升,有利于强降水	
前倾槽。850 hPa 南部暖平流,北部冷平流,冷、暖空气交汇不稳定性增强。切变线附近风场辐合抬升。暴雨区位于高空急流轴左侧。地面冷锋东移,存在中尺度气旋环流,强降水出现在气旋辐合中心	暴雨落区集中,局地性强,短时强降水(08—14时,66 mm)	地面辐合中心、低层为风切变,辐合抬升作用强	
500 hPa 高空冷槽加强,冷平流,低空急流增强。850 hPa 暖脊与急流作用使暖平流增强;上冷下暖不稳定性增强。切变线附近风场辐合抬升。925 hPa 为偏南风,有来自渤海及远距离台风的水汽输送。高空急流有分流区。地面低压加强,冷锋锋生降水	暴雨落区集中,局地性强,降水主要出现在夜间,短时强降水	冷锋锋生,局地短时强降水	
贝湖到东北地区西部为北涡南槽形势,南部槽发展北上加强为低涡,影响黑龙江中西部,西部涡减弱。7日20时有低空急流配合。地面低压维持在黑龙江省西部	全省大范围降水,暴雨、大雨集中在西南部,持续时间长、范围大	南槽发展形成闭合环流北移,在黑龙江省西部发展到最强,移动缓慢。低空急流加强,水汽条件增强	
亚欧大陆中高纬贝湖西部强暖脊发展,东部中高纬为南、北两支深槽,南槽更深,逐渐发展加强形成冷涡,发展到最强时中心在辽宁、吉林以西内蒙古境内,并在此维持较长时间,19日08时之后移向渤海湾减弱。地面处于低压倒槽影响区,18日夜间,低压中心位于华北,北上影响东北,19日夜间转为低压倒槽影响	降水在辽宁、吉林西部到黑龙江省西南部,在黑龙江省南部1站暴雨,强降水范围小,短时降水强度大	冷涡在东北地区西部发展到最强,维持较久,地面华北低压北上影响	

编号	时间（日时—日时）	天气特点					主要影响系统		类型
		主要影响区域	暴雨站数	大暴雨站数	日降水极值(mm)	极值站	高空	地面	
BY20150622	2208—2408	黑龙江省中部	3	0	96.3	五营	高空槽、切变线、低空急流	暖锋	辐合气流型
BY20150628	2808—2908	黑龙江省中部、东北部	4	1	109.1	庆安	高空槽、切变线、低空急流	低压带冷锋	辐合气流型
BY20150712	1208—1308	吉林省东北部、黑龙江省东南角	1	0	69.0	东宁	台风变性北上	低压倒槽	台风暴雨
	1308—1408	黑龙江省东部	4	1	116.3	饶河	台风变性北上与北部低涡合并	低压	台风暴雨
BY20150725	2508—2608	黑龙江省大部、分散	3	0	79.3	五常	高空槽、切变线、低空急流	低压	辐合气流型
	2608—2708	黑龙江省北部	3	1	134.9	塔河	低涡、低空急流	低压	低涡暴雨
BY20150808	0808—0908	黑龙江中南部	4	0	61.1	林甸	冷涡、切变线	低压	低涡暴雨

主要系统演变	天气现象特点	空间出现差异原因	备注
黑龙江省中西部北脊南槽,东部为东移涡后冷空气影响,南部槽与东移涡后冷空气叠加发展为东西向槽,北部脊前偏北气流引导冷空气进入低槽,与南部槽前偏西南气流汇合,冷、暖空气交汇,低层925 hPa上超低空西南急流,输送暖湿空气,夜间有弱暖锋锋生	降水集中在中部,西南东北向,短时降水强度大,对流性强,伴有雷暴,夜间加强	有暖锋加强,超低空急流,暖锋上降水强度大	
黑龙江省西部北涡南槽型,涡后部西北气流与南部槽前西南气流在黑龙江中西部交汇,北部低涡在贝湖北加强维持,南部槽逐渐北收,低层有低空急流切变线影响,前期地面在低压带中,28日白天有弱暖锋影响,夜间北部低压南下,冷锋东移影响	降水集中,短时降水强度大,午后对流性强,伴有雷暴,夜间冷锋过境,移速较快,降水较强时段在白天	降水集中,短时降水强度大,午后对流性强,伴有雷暴,夜间冷锋过境,移速较快,降水较强时段在白天	
台风北上,黑龙江省北部低槽发展形成涡,北部冷空气加强,台风北上进一步变性为温带气旋,在黑龙江省东部与北涡合并,地面低压倒槽北伸,二者合并后,地面低压明显加强	降水范围小,暴雨集中在吉林东部、黑龙江省东南部,降水量梯度大	台风变性北上,与西风带低涡合并加强影响黑龙江省东部	台风"灿鸿"7月13日02时朝鲜半岛停止编号
	降水范围小,暴雨集中在黑龙江省东南部,降水量梯度大		
北槽在贝湖到东北地区西部,南部槽在辽宁,南部槽比北部槽偏东,北部槽前辐散,逐渐发展,槽前西南气流强,前期西北气流与西南气流在黑龙江省交汇,后期随系统合并加强形成低涡,维持在黑龙江省北部,在北部东移出黑龙江省	全省大部降水,分布不均,暴雨点分散,短时降水强度大,伴有雷暴	低涡加强稳定维持在黑龙江省北部,缓慢东移,降水主要在黑龙江省北部	
	暴雨集中在黑龙江省北部,范围小,强度大,中西部其他地区降水分布不均		
前期东北—西南向槽加深发展,在北部形成低涡,逐渐加深成冷涡,东移后在涡后偏北气流影响下出现局地暴雨	降水分布不均,较强降水集中在中南部地区,短时降水强度大,对流天气伴随雷暴大风	冷涡控制下的对流天气	8—11日冷涡影响下的单站暴雨,9日降水范围大,暴雨点多

编号	时间（日时—日时）	天气特点					主要影响系统		类型
		主要影响区域	暴雨站数	大暴雨站数	日降水极值(mm)	极值站	高空	地面	
BY20150815	1508—1608	黑龙江省西南部	3	1	114.6	龙江	低涡、切变线	低压	低涡暴雨
	1608—1708	黑龙江省南部	2	0	60.3	肇源	低涡、切变线	低压	低涡暴雨
	1708—1808	黑龙江省中部	1	0	61.8	庆安	切变线	低压暖锋	暖锋锋生
BY20150822	2208—2308	黑龙江省东南部	2	0	54.2	东宁	冷涡、切变线	低压倒槽	低涡暴雨
BY20150826	2608—2708	黑龙江省东南部	1	0	66.8	绥芬河	台风	台风倒槽	台风暴雨
BY20150828	2808—2908	黑龙江省东部	2	0	55.4	密山	冷涡、低空急流、切变线	低压	低涡暴雨
BY20150922	2208—2308	黑龙江省中西部	1	0	58.3	北安	高空槽切变线低空急流	低压、暖锋、冷锋	暖锋锋生
BY20160503	0308—0408	黑龙江省东部	7	0	77.6	林口	低涡、急流、暖式切变	江淮气旋倒槽	暖锋锋生暴雨

主要系统演变	天气现象特点	空间出现差异原因	备注
前期贝湖东部低槽经向度大,北部低槽发展加强成低涡,在黑龙江省西南部维持,随南部槽东移,槽后暖脊发展,形成北涡南脊形势,随低层暖平流加强,16日夜间至17日夜间黑龙江中南部受暖锋影响	暴雨分散于黑龙江省西南部,降水分布不均,降水时段集中,短时降水强度大,6 h最大89 mm	15—16日白天地面低压加强,相应的低压北部辐合加强,同时低层有风速≥10 m/s的显著流场,16日夜间至17日暖锋加强,在暖锋上出现东西向雨带	
	暴雨范围小,集中在黑龙江省南部,降水时段集中,伴有雾和霾天气		
	暴雨范围小,降水时段集中		
贝湖到河套之间形成冷涡,东移到黑龙江省南部,移动到黑龙江省东部时与东北部冷涡合并加强	降水范围小,降水集中在黑龙江省东南部,时段集中在22日20时—23日02时	冷涡系统迅速移动到黑龙江东南部,与北部涡合并加强影响,黑龙江省东南部有远距离台风输送水汽	前后两日都有1站单站暴雨
台风"天鹅"减弱为热带风暴,于27日03时在俄罗斯海参崴登陆,在黑龙江东南部停止编号	降水范围小,降水集中在黑龙江省东部	台风路径偏东	台风"天鹅"于27日08时在黑龙江省东南部停止编号
冷涡在黑龙江省发展加强,低层急流加强,切变线处出现暴雨	降水范围小,降水集中在黑龙江省东部	切变线、急流在黑龙江省东部地区	
受高空槽东移影响,20时之前为暖锋影响,20时后为冷锋影响,20时有南北向的低空切变线,切变线东侧低空西南气流强,水汽输送条件好	降水集中在黑龙江省中西部,呈南北带状分布,范围小,持续时间长	在低空切变线与急流出口区配合较好的地方,降水量大,暖锋上降水强度大	
黄河气旋北上,贝湖东部有冷空气补充到低涡中,黑龙江省东部地区有明显的暖式切变线;海平面气压场上低压倒槽伸向黑龙江省东部地区,高空锋区与地面暖锋相配合,产生暴雨天气	降水区域位于黑龙江省东部地区,降水自南向北开始,以稳定性降水为主,主要降水时段为5日白天	南来的系统水汽条件和热力条件都比较好,同时冷空气的补充有利于暖锋锋生	3日08时—4日20时大部分地区出现大风天气,最大风速24 m/s出现在肇东、肇源、兰西

185

编号	时间（日时—日时）	天气特点					主要影响系统		类型
		主要影响区域	暴雨站数	大暴雨站数	日降水极值（mm）	极值站	高空	地面	
BY20160621	2108—2208	黑龙江省南部	2	0	66.0	木兰	短波槽、冷式切变线	低压倒槽、鞍型场、中尺度切变线	风速辐合暴雨
BY20160708	0808—0908	黑龙江省东部平原	3	0	54.3	铁力	短波槽	鞍型场	辐合气流暴雨
BY20160829	2908—3008	黑龙江省东部平原	3	0	52.9	双鸭山	冷涡、急流	台风低压倒槽	台风暴雨
	3008—3108	黑龙江省除大兴安岭以外	1	0	50.3	五常			
	3108—0108	黑龙江省	1	0	57.4	绥芬河			
BY20170513	1308—1408	黑龙江东南部、吉林省东部	1	0	90.3	绥芬河	高空冷涡、低空切变线	倒槽	冷涡暴雨

主要系统演变	天气现象特点	空间出现差异原因	备注
俄罗斯东部有一低涡,分裂短波槽东移南下,短波槽位于黑龙江省中部;低空有南风显著流线;地面上降水前为鞍型场,低压倒槽伸向黑龙江省南部地区,弱冷空气补充	降水区域位于黑龙江省南部地区,强中心位于伊春—哈尔滨一线,主要降水时段 14—20 时,6 h 最大雨量 28 mm,对流性降水	系统移动缓慢,风场和风速辐合中心位于哈尔滨北部。较大降雨区上空 700 hPa 为冷槽,850 hPa 为暖脊,有层结不稳定	齐齐哈尔出现轻雾
黑龙江前期南部地区受 584 dagpm 等值线控制,温、湿度条件好。贝湖高脊发展,脊前冷空气补充不断加强成涡,850 hPa 上短波槽后偏北风与槽前西南风在较大降雨区产生辐合。大陆暖高脊和北部冷槽在黑龙江省东部地区交汇;地面上稳定维持鞍型场,有利于对流性降水的产生	降水区域位于黑龙江省东部地区,以对流性降水为主,降水集中在 8 日白天;桦南主要降水时段为 08—14 时(44 mm)	降水区有强的对流不稳定和层结不稳定	8 日 14 时桦南有 18 m/s 大风、8 日 20 时和 23 时铁力有 33 m/s 大风、9 日 05 时哈尔滨有 41 m/s 大风;9 日 05 时勃利大雾
2016 年第 10 号台风"狮子山"北上变性影响。第一天台风倒槽伸向黑龙江省东部地区,第二天台风变性为温带气旋并加强,黑龙江省受其倒槽影响,第三天低压中心北移位于黑吉交界处,转为冷涡影响;鄂海有强盛的东阻,使得系统维持时间长	降水 29 日后半夜开始,第一天降水集中在 29 日 02—08 时,为台风倒槽降水;后两天为低压倒槽降水,降水持续时间长,白天降水量大于夜间	台风倒槽位置造成第一天的东部降水,后两天的暴雨主要受风速辐合的影响	29 日 08 时、30 日 08 时抚远有 17 m/s 大风、30 日 20 时东宁有 20 m/s 大风、31 日 05 时富锦有 20 m/s、尚志有 19 m/s、绥芬河有 17 m/s 大风
11 日 20 时贝湖低槽东移切断成涡,涡中心位于内蒙古东北部,冷涡向东南移动中有所减弱,低空切变线在黑龙江省西南部、吉林西部向东移动。地面华北低压沿高空引导气流向东北方向移动,低压倒槽影响产生暴雨	降水范围大:黑龙江东部、吉林东部产生不同量级降水,较大雨量出现在黑龙江东南部和吉林东部,暴雨出现在黑龙江省东南部的绥芬河。持续时间长:13 日早上至 14 日早上降水一直持续	低空切变线、水汽通量散度、比湿大值区、湿层厚度大	黑龙江省东部有高压脊阻挡,导致过程持续时间较长

编号	时间（日时—日时）	天气特点					主要影响系统		类型
		主要影响区域	暴雨站数	大暴雨站数	日降水极值(mm)	极值站	高空	地面	
BY20170629	2908—3008	黑龙江省东北部	2	0	99.5	萝北	短波槽、低空切变线、低空急流	低压	辐合气流暴雨
BY20170702	0208—0308	黑龙江省南部、吉林省北部	1	0	50.1	五常	高空槽、低空切变线	弱低压带	辐合气流
BY20170710	1008—1108	黑龙江省东北部	2	0	69.9	萝北	高空槽、低空低涡、低空切变线	河套低压北上	低涡暴雨

主要系统演变	天气现象特点	空间出现差异原因	备注
中西伯利亚高原暖中心配合有闭合高压中心,脊前有弱冷空气南下,在东北地区北部形成浅槽,槽后有偏北冷空气南下,与低层强暖空气自西南向东北方向延伸,形成冷、暖气流交汇。地面蒙古低压前部有新生弱低压系统发展东移,低压中心自黑龙江西南部移向东北部	影响范围大:黑龙江除西北部和东南部外都出现明显降水,雨带集中在黑龙江省中南部至中北部偏东。降水时段集中:主要集中在夜间。降水量和强度大:黑龙江省南部地区以中到大雨为主,东北部地区以大到暴雨为主,部分地区出现雷暴、短时强降水和大雾等灾害性天气	低层比湿、水汽通量散度辐合区、湿层厚度大,急流出口附近,K 指数大值区,低层切变线辐合抬升,高层辐散	30 日凌晨至早上有大雾
高空贝湖至我国东北有强大高压脊,库页岛有低涡中心,槽线从低涡中心至东北地区西南部。冷空气自脊前向西南方向进入黑龙江省,与低槽前西南暖湿气流交汇。地面西北部高压东移过程中,黑龙江中南部、吉林一直处于高、低压过渡带的均压场中	黑龙江南部和吉林大部地区出现降水,大到暴雨集中在黑龙江和吉林交界处,北部的局部地区出现大雾	低层辐合抬升,湿层厚度大,均压场气流弱,降水持续时间长	黑龙江仅有 1 站大雨、1 站暴雨,吉林北部有 3 站暴雨、6 站大雨
东北地区西部高空槽东移,鄂海东阻建立,低槽东移过程中受到阻挡作用,切变由南北向逐渐转为横向(东西)切变。受西南和东南风暖式切变影响出现暴雨。地面在蒙古东部有低压,受东阻影响,其位置稳定少动	影响范围大:黑龙江大部分地区、吉林东部都产生明显降水,量级以小到中雨为主,黑龙江东北部出现 2 站暴雨和 5 站大雨站,24 h 最大雨量为 70 mm。降水时段集中:降水主要集中在 10 日夜间至 11 日凌晨。西北部出现雷暴等强对流天气,东南部出现大雾天气	厚湿度区、水汽通量散度带来日本海低层丰富的暖湿空气;低层辐合抬升明显;地形影响,给降水带来增幅作用	

编号	时间（日时—日时）	天气特点					主要影响系统		类型
		主要影响区域	暴雨站数	大暴雨站数	日降水极值(mm)	极值站	高空	地面	
BY20170713	1308—1408	黑龙江省中南部、吉林省中东部、辽宁省北部	1	0	54.7	青岗	高空冷涡、低空切变线、低空急流	河套低压北上、冷锋	低涡暴雨
BY2010718	1808—1908	黑龙江省东南部	2	0	81.8	海林	高空槽、低空低涡、超低空急流	黑龙江省以北和西南两个弱低压合并加强、冷锋	冷槽与副高结合暴雨
	1908—2008	黑龙江省东南部、吉林省东北部	3	0	71.3	东宁			
BY20170801	0108—0208	黑龙江省中南部	8	0	68.2	巴彦	高空槽、切变线	倒槽	冷槽与副高结合暴雨
	0208—0308	黑龙江省中南部、吉林省中部、辽宁省西部	1	0	81.9	肇东	高空槽、切变线	均压场	

主要系统演变	天气现象特点	空间出现差异原因	备注
高空槽东移,前期受东部高压脊阻挡移动缓慢。11日切断成涡少动,低层暖湿空气北抬。地面河套低压北上加强,低压中心从东北地区西南部移至西北部,低压中心位置少动,冷锋南压	黑龙江大部地区产生降水,在西南部出现了1个暴雨站,中部地区出现多站大雨。白天降水比较分散,夜间为主要降水时段,北部等个别地区出现雷暴大风、轻雾等天气	低层比湿较大、水汽辐合、低层切变辐合抬升,迎风坡,K指数较大。存在层结和对流不稳定	吉林有11站暴雨、2站大暴雨、1站特大暴雨
18日西北部高空槽位于内蒙古东北部,南部副高脊线位于东北地区西南部至华北地区,随着高空槽南压,副高有所南退,整个东北地区中东部主要受偏南暖湿气流影响	范围广:黑龙江大部地区产生降水。强度大:降水量自西向东增大,东南角最大,累计降水量中,东南部有3站降水量超过100 mm,最大为141.9 mm,降水主要集中在18日午后至19日午后,降水同时在中东部伴有雷暴大风、强降水等强对流天气	低层辐合区、高空辐散增加斜压性和辐合抬升,超低空急流区、低层水汽通量散度、比湿大、充足水汽,K指数大值区较大不稳定能量	主体降水位于吉林
贝湖附近高空槽东移,副高脊线位于华北东北部,为黑龙江提供充足的暖湿条件,暖湿切变线自南部移入。地面:东部地面气压场比较均匀,低压中心位于江淮流域,东北地区处于倒槽区	降水范围大:黑龙江省大部分地区产生降水。降水持续时间长、降水时段集中:降水一直持续,主要集中在1日夜间至2日白天,部分地区出现短时强降水。西北部出现大雾天气	水汽辐合中心,水汽通道畅通。低层风辐合,高空辐散加强低层抬升	乡镇雨量站多站出现大暴雨、大雾

编号	时间（日时—日时）	天气特点					主要影响系统		类型
		主要影响区域	暴雨站数	大暴雨站数	日降水极值(mm)	极值站	高空	地面	
BY20170803	0308—0408	黑龙江省南部和东北部、吉林省、辽宁省	20	5	150.9	安达	高空槽、低涡、低空急流、低空切变线	减弱台风北上又有所加强、倒槽	台风暴雨
BY20170806	0608—0708	黑龙江省中南部、东北部	5	1	119	哈尔滨	高空冷涡、切变线	低压倒槽	冷涡暴雨
	0708—0808	黑龙江省中西部交界	4	1	110.3	明水			
BY20170812	1208—1308	黑龙江省西南部	2	0	79.9	龙江	高空槽、切变线	高低压之间	辐合气流型暴雨

主要系统演变	天气现象特点	空间出现差异原因	备注
海上台风维持,副高西伸,西风槽东移过程中有所停滞。地面台风减弱成低压北上同时有所加强	持续时间长:降水全天持续。降水量大:20站出现暴雨,5站大暴雨。主要降水集中、降水效率高:白天主要集中在黑龙江中南部,夜间开始随着台风北移,黑龙江西南部降水强度增大。白天中西部有雾,西北部出现大雾	水汽辐合中心,水汽通道畅通,低空急流出口。低层切变线、动力抬升好,高层辐散。低层温度槽脊汇合处	大雾
高空冷涡东移,副高外围位于吉林省东部地区,冷、暖气流交汇,在低层形成了切变线,有利于低层空气的抬升。台风北上至日本海,阻挡副高南撤,有利于水汽向黑龙江省输送和降水持续。低层暖湿空气北抬。地面上,黑龙江省位于低压北部,随着抬升的北上,低压有所加强	持续时间长:降水全天持续。影响范围大:几乎黑龙江省所有地区都产生了降水。降水量大:多个地区有大到暴雨,局部地区有大暴雨。降水主要集中在6日后半夜至7日上午、降水效率高。黑龙江省北部局部地区出现雷暴等强对流天气,中部地区出现雾凇等天气	湿层厚度较大。低层切变线、动力抬升条件好,高层辐散。低层温度槽脊汇合处	吉林、辽宁都有大雨和暴雨产生、降水面积都很大
贝湖高空东移过程中减弱,暖脊加强,在暖脊处产生明显降水。槽前位于地面系统为高低压过渡带上	降水时段和降水区域集中,降水主要集中在12日下午黑龙江省西南部,西北部大部分地区出现大雾天气	低层暖脊与中层冷槽交汇处,高空辐散;湿层厚度大	大雾

编号	时间 （日时— 日时）	天气特点					主要影响系统		类型
		主要影响 区域	大雪 站数	暴雪 站数	日降水极 值（mm）	极值 站	高空	地面	
DX20120316	1608—1708	黑龙江省 中东部	6	0	8.4	阿城	500 hPa 低涡、 850 hPa 低槽、 低空急流	东北低压	低涡型
DX20120329	2908—3008	黑龙江省 除西北部 外的地区	9	5	15	伊春	低空切变、低涡、 高低空急流	蒙古气旋	低涡型
DX20121022	2208—2308	黑龙江省 东南部	4	1	14.6	穆棱	500 hPa 低槽、 850 hPa 低涡、 低空急流	黄海气旋	低涡型
DX20121111	1108—1308	黑龙江省 大部	33	18	37.3	鹤岗	低空急流、 低涡	江淮气旋	低涡型

过程分析

主要系统演变	天气现象特点	空间出现差异原因	备注
高空槽前降雪。500 hPa 冷涡自北向南影响黑龙江省,850 hPa 低槽自西向东影响黑龙江省,槽前低空急流稳定输送水汽。850 hPa 低槽移出黑龙江省后,500 hPa 低涡控制黑龙江省大部地区	降雪前期南部地区以雨夹雪或雪为主,白天逐渐转为雨或雨夹雪为主,入夜后再次转为雪。前期降雪同时伴有 4~6 级偏南风,入夜后风力逐渐减弱。中南部地区降雪量级较大	冷空气低涡入侵导致雨雪相态转换。地面低压在黑龙江省中南部移动缓慢,降雪累积量较大,移至三江平原后加速移出	南部地区同时伴有雨夹雪
850 hPa 低涡自西向东移过黑龙江省南部地区,低涡发展时间长,西南低空急流长时间维持,水汽持续输送。西南暖平流向北伸展,发展成东南暖平流,与北方南下冷空气相遇,强烈暖锋锋生,降雪区域与锋区移过区域一致	前期显著升温,29 日 17 时温度开始下降,至 02 时西南部地面温度降至 0℃以下,但天气现象记为雨,东南部仍在 0℃以上。08 时大部地区温度低于 0℃,观测基本为雪。29 日南部地区风力较大,局部达 9 级	黑龙江省西北部整个过程处于低压北部,水汽和动力条件较差,不利于降水产生;南部地区有低空急流持续输送暖湿空气,有利于降水维持	29 日夜间雨转雪
黄海气旋在北上过程中强烈发展,地面低压沿长白山脉向东北移动,最后移至日本海	降雪范围小,主要集中在东南部山区。维持时间短,22 日 20 时降雪基本结束。22 日 08 时牡丹江以降雪为主,局地雨夹雪。地面有偏东风和偏北风的辐合,风力 4 级左右	气旋北上路径偏东,偏东风给黑龙江省东南部带来较好的水汽输送条件,较长时间的偏东风和偏北风的辐合也是降雪长时间维持的有利条件	22 日白天部分站点为雨夹雪
江淮气旋自西南向东北移至黑龙江省东部,经过渤海湾时强烈发展,在黑龙江省东部逐渐减弱填塞	降雪范围广,黑龙江省各地都有降雪;维持时间长,局地降雪强度大。相态复杂,北部地区为纯雪,西南部为雨转雪,东部地区为雨转雨夹雪,东南部后期维持为雨夹雪	前期东南急流带来水汽输送,黑龙江省南部降雪较大。冷空气自低涡西北部不断进入,黑龙江省西南、东南、东北部降雪相态依次转变,气旋填塞后,东北部地区温度不再下降,相态维持为雨夹雪	11 日夜间雨转雪;13—15 日东北部地区仍有弱降水

编号	时间（日时—日时）	天气特点					主要影响系统		类型
		主要影响区域	大雪站数	暴雪站数	日降水极值(mm)	极值站	高空	地面	
DX20121127	2708—2808	黑龙江省南部	5	1	17.5	尚志	低空切变、低涡、高低空急流	东北低压	低涡型
DX20121203	0308—0508	黑龙江省中东部	15	2	10.8	绥芬河	低槽、低空急流、切变线	低压倒槽	低槽
DX20130131	3108—0108	黑龙江省中西部	18	2	14.1	林甸	700 hPa 暖脊	黄河气旋前部、暖锋	低涡型
DX20130217	1708—1808	黑龙江省中部	6	0	7.2	庆安	高空槽	东北气旋	低槽型
DX20130228	2808—0108	黑龙江省南部	21	4	12.7	牡丹江	冷涡顶部	蒙古气旋	低涡型

主要系统演变	天气现象特点	空间出现差异原因	备注
27日20时低空急流缓慢东移,暖锋锋生过程降雪。地面低压自西南向东北移动	范围广:黑龙江省除大兴安岭外均有降雪;局地降雪强度大:尚志28日02—08时降雪15 mm。27日20时—28日08时为过程主要降水时段	偏南急流从27日20时—28日08时维持在黑龙江省南部,有较好的水汽供应。偏南风—偏北风切变线长时间维持在黑龙江省中部	整个过程为27日14时—28日23时
冷空气入侵低涡底部,冷、暖气流交汇区域与暴雪区域对应。地面低压主体位于吉林,随之东移,黑龙江省从低压倒槽前变为倒槽后,东风回流区域与4日降雪区域匹配	东部降雪多于西部,东南部局地暴雪	东南部地区位于西南风—东南风辐合区域,相对湿度较大	整个降雪天气过程为2日05时—5日08时
河套地区地面上有一黄河气旋生成,向东北方向移动。31日20时,气旋发展加强,中心位于内蒙古与齐齐哈尔市交界处,地面暖锋锋生,位于大庆、绥化南部、哈尔滨西部附近,同时该区域为850 hPa急流出口区	大风、暖锋降雪范围大。降温发生在1日08时后,低涡向东移动,高空槽后部西北气流引导的冷空气开始自西向东影响黑龙江省	31日20时后地面暖锋进入黑龙江西南部,降水开始加强,降水较强区域在低空急流出口处	西南部地区(齐齐哈尔、绥化、大庆、哈尔滨西部)有3~8℃的降温,其他地区以升温为主,同时伴有6~8 m/s风
亚欧大陆中高纬为一个强大的冷性气旋,分裂冷槽影响黑龙江省,17日08时黑龙江省中部地区(齐齐哈尔北部、绥化北部、伊春南部、佳木斯西部)500 hPa为一条自西向东的横槽,地面低压倒槽加强为气旋,随后随着低槽东移,地面低压东移入海	主要降雪时段为前12 h,雪后降温明显	主要降水时段在17日20时前,主要降水区域的中低层以偏东风为主,水汽充足;同时动力条件较好,地面低压顶部配合高空槽前	中南部地区24 h降温超过8℃
28日08时高空槽位于内蒙古东部地区,并在28日20时前切断成为低涡,850 hPa低涡中心位于大庆、绥化、哈尔滨交界处。1日白天低涡东移,20时中心位于牡丹江北部,黑龙江省位于低涡后部。涡后冷空气补充,与低涡顶部的偏东风暖湿空气交汇,降水范围继续扩大,覆盖黑龙江省中东部大部地区	24 h以升温为主,降雪范围较大	降水强度最大的时间为28日20时前后,降雪强度大的地区在冷暖锋锋区	西南部24 h升温6~10℃,东南部地区升温2~5℃。降雪后,南部地区转为偏北风,有个别站点出现偏北大风

编号	时间（日时—日时）	天气特点					主要影响系统		类型
		主要影响区域	大雪站数	暴雪站数	日降水极值(mm)	极值站	高空	地面	
DX20130309	0908—1008	黑龙江省中东部	12	0	7.5	方正	低涡、急流	蒙古低压顶部	低涡型
DX20130321	2108—2208	黑龙江省中部	9	0	9.9	汤原	低涡	蒙古气旋	低涡型
DX20130326	2608—2708	黑龙江省中北部	11	2	11.2	克东	低涡	蒙古气旋	低涡型
DX20130405	0508—0608	黑龙江省东南部	2	2	13.1	林口	高空槽	渤海海面低压倒槽后部	低槽型
DX20130412	1208—1408	黑龙江省西部	6	3	11.1	同江	低涡、高空槽	东北气旋	低涡转低槽型

主要系统演变	天气现象特点	空间出现差异原因	备注
鄂海的中高层大气为稳定的冷低涡,贝湖为一个高压脊。黑龙江省位于两个系统之间,随着低涡旋转,在蒙古高原的低空及地面发展起一个气旋,向东移动,黑龙江省受地面气旋北部影响,9 日 20 时气旋入海,降雪趋于结束	前半段为主要降水时段;雪后大风	地面气旋较强,在底层引导渤海的水汽进入黑龙江省,同时中高层一直有冷空气侵入,冷暖空气在黑龙江省南部地区交汇	降温不明显,中东部地区降雪后有大风
黑龙江省受快速东移低槽影响,大范围降雪	主要降水时段为 21 日白天,降温不明显;东部地区在偏东风气流影响下,弱升温	蒙古气旋从黑龙江省西南部地区进入黑龙江省,蒙古气旋前部暖锋降水	
黑龙江省 500 hPa 高空两个涡旋合并引导冷空气东移南下,位于齐齐哈尔与内蒙古边界的低空气旋迅速加强后继续加强向东北方向移动,同时地面低压加强,低涡前部风力增大,建立偏南风急流轴。低涡影响前,降雪地区受暖脊影响,升温明显且升温速度较快,低空冷涡后部冷空气进入时带来较大降雪天气	主要降雪时段在 26 日傍晚到夜间,地面升温,风力大	降雪出现在冷涡中心的冷暖锋附近	低涡系统前部有区域性偏南大风
高空表现为一支经向度大的冷槽加深,自西向东影响黑龙江省,低空槽加强的位置在黑龙江省东部地区,同时槽前急流从渤海输送暖湿空气至黑龙江省东南部地区	弱降温,降温幅度为 0~2℃	降雪范围与切变线位置大致相同	
12 日 08 时高空高纬表现为两槽一脊,黑龙江省受高压脊影响,13 日 20 时系统东移,脊后槽加强切断成涡,少动,沿黑龙江省北部地区向东移动	雪后大风;东部地区前期受暖空气影响以雨和雨夹雪为主,冷空气进入后转为雪	冷涡影响范围较大,降雪区域集中在地面低压冷空气一侧	主要降雪时段在 12 日夜间。雪后,低压南部地区转为偏北风(8~12 m/s)

编号	时间（日时—日时）	天气特点					主要影响系统		类型
		主要影响区域	大雪站数	暴雪站数	日降水极值(mm)	极值站	高空	地面	
DX20131106	0608—0708	黑龙江省中部	10	5	18.4	依安	低槽	蒙古气旋	低槽型
DX20131108	0808—0908	黑龙江省中北部	6	0	6.8	木兰	低槽	蒙古气旋	低槽型
DX20131114	1408—1508	齐齐哈尔北部、伊春北部	4	0	8.1	克山	低槽底部	低压中心	低槽型
DX20131116	1608—2020	吉林省东部、黑龙江省中东部	46	33	36.2	绥芬河	低涡	地面低压	低涡

主要系统演变	天气现象特点	空间出现差异原因	备注
乌山以东高纬地区高空冷槽自西向东影响黑龙江省,低压槽在黑龙江省西部地区加强东移,地面低压中心维持在黑龙江省中部地区,强度在1007.5 hPa,并无明显变化	雪后降温	在冷空气影响下,全省除大兴安岭和牡丹江地区均产生降雪天气,大雪和暴雪的降雪范围在整个降雪区域的北部,伊春地区的降雪与地形抬升有关,黑河、齐齐哈尔地区的降雪区在地面冷锋后部	降雪过后全省除东南部地区外,均出现寒潮天气,68个站降温8℃以上,乌伊岭、伊春、塔河3个站降温幅度最大,为16℃
乌山以东高纬地区表现为两槽一脊,黑龙江省受暖脊影响,上游冷槽加强东移,8日白天黑龙江省低空受偏南风暖空气影响,随着高空冷空气进入,夜间黑龙江省西部槽开始加强,蒙古气旋从黑龙江省西南部地区开始进入黑龙江省	雪后降温	高空槽偏北,地面低压北部冷空气区域为降雪主要区域	西部地区降雪后温度下降8℃以上
高空气流较为平直,在黑龙江省西部地区有弱波动,冷中心。低空表现为一个浅槽自西向东移动,地面低压从黑龙江省西部地区进入黑龙江省后逐渐减弱消亡	降温不明显,南部地区降温幅度大于北部地区	14日白天为主要降雪时段,地面低压中心从齐齐哈尔南部向东北方向移动,入夜后减弱	
16日08时黑龙江省西部地区受高空冷槽控制,随着冷空气沿着西北气流南下,在吉林省东部地区形成一个低涡,低涡系统北上东移,从牡丹江、哈尔滨地区进入黑龙江省,缓慢东移,维持在黑龙江省东南部地区的过程中,黑龙江省东部地区受偏东风控制,带来暖湿空气,与低涡后部冷空气交汇,造成大范围持续降雪	暴雪范围大、持续时间长;低涡强度强	气旋深厚,中心在黑龙江省东南部,水汽通道有利;最强降雪时段为17日08时—18日08时,这个时段内,低涡顶部的急流延伸到伊春地区,偏东风水汽通道明显。之后偏东风水汽通道东退	

编号	时间（日时—日时）	天气特点					主要影响系统		类型
		主要影响区域	大雪站数	暴雪站数	日降水极值(mm)	极值站	高空	地面	
DX20131124	2408—2508	辽宁省、吉林省、黑龙江省东南部	14	2	15.2	海林	低涡顶部	渤海气旋顶部	低涡
DX20140201	0108—0208	黑龙江省北部	7	0	7.8	伊春	高空槽、低空急流、切变线	蒙古气旋、暖锋	低槽类
DX20140226	2608—2708	黑龙江省北部	4	0	8.4	黑河	高空槽、低空急流、切变线	蒙古气旋、冷锋	低槽类
DX20141112	1208—1308	黑龙江省东部	3	6	17.0	虎林	高空槽切断成冷涡、低涡、偏东风显著流线、切变线	日本海低压、低压倒槽、冷锋	低槽类
DX20141120	2008—2108	黑龙江省北部	9	0	8.6	鹤岗	高空槽、低空急流、暖式切变线	蒙古气旋、暖锋	低槽类

主要系统演变	天气现象特点	空间出现差异原因	备注
黑龙江省西部地区有一条经向度大的槽影响我国东部地区,渤海地区的低涡受冷空气影响下入海加强向北方移动,黑龙江省东部地区于24日夜间受该系统顶部偏东气流影响,出现区域性大雪天气	偏东风暖湿急流	黑龙江省东部地区大范围降雪,东南部地区大雪在偏东风急流出口处	
高空槽东移,槽后冷平流强,高空槽发展。槽前低空急流发展,暖锋区增强,后部冷锋区增强。地面为蒙古气旋加强东移,前部为暖锋降雪,后部冷锋区为雪后大风降温	北部降水量大,降雪时段集中(夜间),中部降雪强度大(6 mm/6 h)	地面气旋移动速度快,移动过程中系统加强。低压中心附近有降水,暖锋附近累计降水量最大,暖锋靠近低压一侧降水强度大。强降水出现在低压最强时段	雪后大范围大风、寒潮
高空槽东移,槽后冷平流加强,高空槽发展,冷锋锋区加强。槽前低空急流发展,向北输送水汽和热量。地面为蒙古气旋加强东移,经向度大,为低压中心和冷锋降雪。冷锋后雪后大风降温	降水落区偏北,落区集中,降雪时段集中在白天,降雪强度大(5 mm/6 h)	地面气旋移动速度快,移动过程中系统加强。低压经向度大,降水集中在冷锋后靠近低压中心一侧。强降水出现在低压最强时段	气旋强度弱(1010 hPa),低压前部有局地大雾。雪后出现寒潮
高空经向深槽,深槽南部东移加强形成冷涡,涡后偏北气流加强,北部偏东暖湿气流加强,冷锋锋区增强。低层冷涡东移加强。地面气旋入海加强,低压倒槽西部降水增强,伴随低压北上,北部偏东风在黑龙江东部有水汽输送,低压后部冷锋降雪增强	降水落区偏东,落区集中,降雪时段集中在午后,降雪强度大(8 mm/6 h)	低压位置偏东,且快速北上,低压北部暖湿输送条件好。低压中心附近先后有暖、冷空气经过,降水强	低压后部西北大风、寒潮
高空槽发展东移,低空急流发展。槽前低层暖平流增强,暖式风切变,地面为蒙古低压前部暖锋降雪	降水落区偏北,降水时段集中在夜间,降雪强度大(6 mm/6 h)。同时有降雨(延寿)和雨夹雪(通河)	低压位置偏西,北上。降雪落区出现在暖锋附近,暖锋稳定少动,降水时间长	黑龙江、内蒙古、吉林、辽宁局地出现8级以上大风

编号	时间（日时—日时）	天气特点					主要影响系统		类型
		主要影响区域	大雪站数	暴雪站数	日降水极值(mm)	极值站	高空	地面	
DX20141130	3008—0108	黑龙江省中东部	27	10	15.9	桦南	高空槽、高低空急流、暖式切变线	江淮气旋、低压倒槽、冷锋	低槽类
DX20141201	0108—0208	黑龙江省东北部	7	11	29.1	虎林	高空冷涡、偏东风急流、切变线	江淮气旋、倒槽、冷锋	低涡型
DX20150220	2008—2108	东北区域、黑龙江省松嫩平原	3	0	8.6	兰西	冷涡、低空急流、切变线、辐合线	蒙古气旋与黄河气旋、江淮气旋合并加强、暖锋	低涡型
	2108—2208	吉林省、黑龙江省西部	40	6	14.4	嫩江	冷涡、低空急流、切变线	蒙古气旋、暖锋	低涡型
	2208—2308	黑龙江省北部	20	10	17.9	孙吴	冷涡、低空急流、切变线	蒙古气旋	低涡型
DX20150226	2608—2708	黑龙江省东南部	5	0	8.0	牡丹江	低涡切变线	华北低压北上低压倒槽	低涡类
DX20150303	0308—0408	吉林省东部、黑龙江省东南部	1	1	10.0	绥芬河	高空槽、切变线、低空急流	华北低压北上低压倒槽	低槽类

主要系统演变	天气现象特点	空间出现差异原因	备注
高空经向深槽,东移加强形成冷涡,涡后冷平流增强。低层冷涡东移加强,冷锋区增强。地面江淮气旋北上至日本海,与蒙古气旋合并加强,其北部偏东风有水汽输送,低压倒槽西部冷锋区降雪增强	降水落区偏东,范围大,强度强,持续时间长,主要出现在夜间	低压位置偏东,且快速北上,低压北部暖湿气流输送、辐合抬升条件好。低压中心后部有副冷锋平流,降水强	雪后局地降温达寒潮,气旋后部有偏北大风
高空冷涡发展东移,冷涡后部偏北气流加强,冷锋增强。地面日本海低压北上加强,北部偏东风在黑龙江东部有水汽输送	降水落区偏东偏北,范围大、强度强、持续时间长	低压位置偏东,加强北上,低压北部暖湿气流输送、辐合抬升条件好。低压中心后部有副冷锋平流,降水强	气旋后部有偏北大风
高空槽经向度大,切断成冷涡,地面上有黄河气旋和江淮气旋与蒙古气旋合并,蒙古气旋加强发展,从地面到高空形成深厚的涡旋,移动缓慢,暖锋锋生,在气旋中心、北部及暖锋处有暴雪。连续3 d,黑龙江省中西部降雪后出现寒潮	高空贝湖到河套地区及华北东部为南北阶梯槽,北槽深,南槽浅,两个系统汇合加强形成深厚冷涡缓慢东移。地面蒙古气旋加强东移,受暖锋影响,后期东南部在朝鲜半岛有低压并入	系统自西南向东北移动,在地面低压中心附近,暖锋加强,低层切变线,低空急流出口区附近动力、水汽条件配合好的区域降水量级大	
降水集中在黑龙江东南部,范围小,持续时间长,集中在26日白天	地面华北低压北上,影响辽宁、吉林东部到黑龙江东南部	系统从东部海上自南向北移动,受低压倒槽影响,加之东部日本海水汽条件好,在黑龙江东南角出现大雪	
降水集中在黑龙江东南部,范围小,集中在4日白天	地面华北低压北上,影响吉林省东部到黑龙江省东南部	系统从东部海上自南向北移动,受低压倒槽影响,加之东部日本海水汽条件好,在黑龙江东南角出现大雪	

编号	时间（日时—日时）	天气特点				主要影响系统		类型
		主要影响区域	大雪站数	暴雪站数	日降水极值(mm)	极值站	高空	地面
DX20150308	0808—0908	东北东部、黑龙江省东部	8	1	10.5	牡丹江	高空槽、切变线、低空急流	低压倒槽	低槽类
DX20150310	1008—1108	黑龙江省东北部	2	1	19.2	抚远	低涡后部、切变线、低空急流	低压后部	回流天气东风倒暖
	1108—1208	黑龙江省北部	3	0	8.2	抚远	低涡后部、切变线、低空急流	低压后部	回流天气东风倒暖
DX20151109	0908—1008	黑龙江省东南部	3	0	6.0	林口	高空槽、切变线	低压西北部	北脊南槽型
DX20151201	0108—0208	东北区域、黑龙江省中南部	19	1	13.8	五常	低涡、切变线、低空急流	蒙古气旋暖锋	低涡类
	0208—0308	黑龙江省中东部	42	23	26.2	饶河	低涡、切变线、低空急流	蒙古气旋暖锋	低涡类
	0308—0408	黑龙江省中东部	22	6	12.6	伊春	低涡、切变线、低空急流	低压后部	低涡类
DX20151210	1008—1108	东北东部、黑龙江省东部	5	0	5.7	鸡东	高空槽、切变线	倒槽、寒潮冷锋	低槽类

主要系统演变	天气现象特点	空间出现差异原因	备注
降水集中在黑龙江东南部,范围小,集中在 8 日白天	地面东部海上低压倒槽影响吉林省东部、黑龙江东部	低压主体偏南,东移北上的过程,倒槽仅影响到黑龙江省东南部	
降水集中在黑龙江东北部,范围小,强度大	东风倒暖平流影响,热量和水汽充足	低压主体偏东,倒暖平流仅影响黑龙江省东北部	伴随大风
降水范围小,集中在黑龙江北部	东风倒暖平流影响,热量和水汽充足	低压主体偏东,倒暖平流仅影响黑龙江省北部	伴随大风
降水集中在东南部,范围大,强度小	北脊南槽,南部槽东移加强,低层形成闭合环流,有东风暖平流出现。地面处于低压后部,有辐合线	东风暖平流与地面辐合线叠加的区域,降水大	
降水范围大,持续时间长,累积降水量大,暴雪站点多,自南向北推进,第二天在黑龙江省东北部降水强度大,暴雪范围大	低槽东移加强形成深厚冷涡,涡前部有较强暖平流。地面蒙古气旋东移,暖锋影响,涡移到黑龙江省东部,东风暖平流加强,暖锋锋生,随后系统东移	冷涡系统影响,在黑龙江省东部,东风暖平流加强,水汽条件加强,出现大范围暴雪	伴随大风
降水范围大,持续时间长,自西向东推进,黑龙江省东部降水量大	低槽迅速东移,转为西北气流。地面先受低压倒槽影响,然后寒潮冷锋南下	低槽影响,自西向东推进	寒潮

编号	时间（日时—日时）	天气特点					主要影响系统		类型
		主要影响区域	大雪站数	暴雪站数	日降水极值(mm)	极值站	高空	地面	
DX20151214	1408—1508	黑龙江省北部、西部	3	0	5.4	虎林	高空槽、低涡、切变线	低压	低涡类
DX20160118	1808—1908	黑龙江省东部平原、吉林东部	24	12	22.3	绥芬河	低涡、切变线、高低空急流	日本海低压、低压倒槽	低涡型
DX20160304	0408—0508	黑龙江省松嫩平原、大兴安岭南部	24	0	7.8	加格达奇	低涡、高低空急流	蒙古气旋、暖锋	低涡
	0508—0608	黑龙江省东部平原	44	7	26.2	抚远	低涡、高低空急流	蒙古气旋、暖锋	低涡型
DX20160307	0708—0808	黑龙江省东南部	3	0	8.6	宁安	低涡、切变线、高低空急流	低压、地面辐合线	低涡型
DX20160317	1708—1808	黑龙江省西部	4	1	17.6	逊克	低槽、切变线、高低空急流	蒙古气旋	低槽型

主要系统演变	天气现象特点	空间出现差异原因	备注
降水范围大,集中在黑龙江北部和西部	高空低槽东移,中低层加强为低涡,配合有低空急流,后期低涡东移减弱,急流消失	低涡影响,配合低空急流有较好的水汽输送,黑龙江省西部降水量大;到东部,没有急流,涡减弱,降水量小	
低涡中心位于外兴安岭北部,低涡后部贝湖有东西向横槽,横槽转竖,其携带强冷空气东移南下影响黑龙江省,同时,鄂海有暖脊向西北方向伸展,槽南端东移速度较快,19日08时进入日本海加强成涡。地面是日本海低压北上,低压倒槽位于黑龙江省东部地区,配合低空急流输送水汽和风速辐合	降水量东多西少,降雪持续时间长,6 h降雪量分布均匀	系统中心位于黑龙江省东部地区,鄂海暖脊发展,在黑龙江东部形成冷暖对峙。槽前东南风急流携带海上水汽向暴雪区输送	18日08时,松嫩平原地区出现轻雾和霾天气,5个站能见度小于1 km,最低能见度0.4 km出现在安达
西西伯利亚平原低涡南侧分裂短波槽自蒙古向东移动加强成涡,同时鄂海高压脊发展,蒙古低涡东移缓慢。低涡槽前有西南风急流发展并加强,有利于水汽输送,西南风急流上有明显的风速辐合。蒙古气旋东移北上,暖锋自西南向东北移过黑龙江省	降水4日20时之后开始,主要降水时段为5日02—20时,降雪强中心自西向东移动,过程量东多西少,暖锋降水	暖锋的位置和维持时间是造成本次降水分布不均的主要原因,同时急流和地形因素造成的辐合也是降水分布不均的原因	
500 hPa低涡中心位于大兴安岭北部,低涡底部850 hPa切变线自辽宁西南部向东北方向移动,7日20时前后切变线位于牡丹江,造成该地局地大雪	降水落区位于牡丹江和鸡西地区,降水区域小,主要降水时段为7日白天	850 hPa切变线偏南,位于牡丹江地区	
贝湖低槽东移发展加强,低槽位于黑龙江省西部,低空西南急流建立,配合暖脊的加强,有利于低槽发展加强成涡,地面低压缓慢东移,其中心长时间位于黑龙江西部地区,产生持续性降水天气	降雪主要位于黑龙江省西部地区,主要降水时段为17日夜间	低压系统移动缓慢使得降水持续时间长,低空急流的建立为降水提供了充足的水汽	

编号	时间（日时—日时）	天气特点					主要影响系统		类型
		主要影响区域	大雪站数	暴雪站数	日降水极值（mm）	极值站	高空	地面	
DX20161118	1808—1908	黑龙江省东部平原	12	0	8.5	肇州	低槽、切变线、高低空急流	日本海低压倒槽	西北气流型
	1908—2008		7	0	8.8	密山			
DX20161130	3008—0108	黑龙江省南部	27	2	10.6	尚志	低槽、切变线、高低空急流	东北低压	低槽型
DX20170215	1508—1608	黑龙江省西北部	5	0	5.9	克东	高空槽、低空低涡、低空急流、低空切变线	蒙古气旋、冷锋	低涡型
DX20171109	0908—1008	黑龙江省西南部	17	5	19.9	依安	高空槽、低空低涡、低空切变线、低空急流	蒙古气旋、冷锋	低涡型
	1008—1108	黑龙江省东部	4	0	6.5	双鸭山、宝清			

主要系统演变	天气现象特点	空间出现差异原因	备注
短波槽东移影响黑龙江省,华北北部—黑龙江南部有西南急流。短波槽后西北气流与西南急流在黑龙江省南部地区汇合,地面上低压向东北方向移动,进入日本海,低压倒槽向西北伸向黑龙江省南部地区	降水集中在 19 日 02—08 时	地面辐合位置、急流出口区位置、地形作用	
	降水集中在 19 日 08—14 时(过程降水集中在 19 日 02—14 时)		
贝湖低槽东移受鄂海高压脊影响,经向度加大,低槽加深。低槽前有西南低空急流发展。地面上位于中西伯利亚高原东侧的低压向东南方向移动,进入黑龙江省后明显发展加强	降水自西向东开始,降水量南多北少,降水分布均匀且持续时间长	切变线位于哈尔滨北部、冷暖气流交汇区位于黑龙江省中南部,同时急流出口区位于黑龙江省中南部	
高空 14 日中西伯利亚至阿尔泰山脉冷槽,由于槽前疏散槽后汇合,系统东移过程中加深且移动迅速,15 日 08 时槽线移至华北北部,20 时移至我国东北地区的西部,同时受低空急流影响,急流出口位于黑龙江省中部,有利于西部偏北地区产生较大降水。地面蒙古气旋伴随高空系统东移加深,蒙古气旋也不断加强,气压梯度增大	降水时段和区域比较集中:降水主要集中在夜间和北部,西北部 5 站有大雪。中部和南部地区出现雾和霾。升温幅度较大	急流出口位于黑龙江中部地区,西部正好位于急流出口左前方,比湿和水汽通量散度都比较大,低层切变线位于西部地区,有较好的抬升条件	15—16 日为大雪过程,16—18 日为寒潮大风过程
8 日贝湖冷槽落后于高度槽,正涡度平流明显,所以系统东移过程中加深,9 日夜间低层加强切涡,同时受低空急流影响,有来自渤海湾丰富的水汽,急流出口位于黑龙江省西南部。地面蒙古气旋受西南引导气流和正涡度平流影响,向东北移动并加深	降水范围大:黑龙江省除西北部外自西向东都出现了不同程度的降雪或雨夹雪;强度大:西南部大部分地区和东南部局部地区出现大到暴雪,最大降雪量为 19.9 mm;降水时段集中:西南部 9 日白天以雾、霾天气为主,夜间自西向东产生降水,降雪过后西北部有明显降温	急流出口位于黑龙江西南部,有比湿和水汽通量散度中心。低层切变,抬升条件较好,地面处于高低压过渡带,有利于降雪前雾、霾天气发生	局部出现雨雪寒潮

编号	时间 （日时— 日时）	天气特点					主要影响系统		类型
		主要影响 区域	大雪 站数	暴雪 站数	日降水极 值(mm)	极值 站	高空	地面	
DX20171113	1308—1408	黑龙江省 东部	5	1	20.0	同江	高空冷涡、低空 切变线	气旋合 并加强、 暖锋	冷涡型
DX20171209	0908—1008	黑龙江省 西南部与 西部之间	7	0	6.7	庆安	冷涡、切变线、 低空急流	气旋合 并加强、 暖锋	冷涡型

主要系统演变	天气现象特点	空间出现差异原因	备注
贝湖西部冷涡向东移动同时有所加强,西南急流 13 日白天开始影响黑龙江省,低压中心由内蒙古东部经黑龙江省移出	影响范围大:北部和东部地区产生明显降水,其中部分地区为雨夹雪,南部地区以雾、霾天气为主	高空冷涡中心位于黑龙江北部,低压中心位于黑龙江省中部,北部位于低压北部。急流出口位于中部,并自西向东移动	局部出现雨夹雪,西南有雾、霾
东西伯利亚至我国华东地区都受冷涡影响,冷涡在东南移动过程中加强,温度梯度较大、斜压性很强。地面 8 日东西伯利亚气旋在移动过程中与东北地区的弱低压合并,合并后继续向东南移动并加强,黑龙江省位于气旋东北部	降水范围大:黑龙江省除西北部外都出现了不同程度的降雪,中部局部地区出现大雪;主要降水时段集中在 9 日下午至 10 日午夜;降雪过后中南部多处出现雾、霾天气	低层流场辐合中心、急流出口附近	

编号	时间（日时—日时）	天气特点				主要影响系统		类型
		主要影响区域	发生站数	最大降温幅度(℃)	出现站点	高空	地面	
HC20120316	1614—1714	除牡丹江外黑龙江省大部	63	21.8	呼中	低涡、高低空急流	蒙古气旋	冷涡型
HC20130307	0708—0808	黑龙江省	61	18.6	嘉荫	低槽	地面低压底部	冷槽型
HC20131106	0608—0708	黑龙江省	65	18	呼中塔河	低槽	低压	冷槽型
HC20140227	2708—2808	除西南部外黑龙江省大部	66	18.3	呼中	冷涡、切变线、低空西北急流	低压、冷锋	冷槽类

过程分析

冷空气路径	天气现象特点	空间出现差异原因	备注
北部路径	前期升温明显,黑龙江省大部最高气温高于0℃,16日08时大兴安岭北部气温开始下降,20时后气温急剧下降,西部其他地区及东北部地区气温在入夜后开始下降,由于冷空气主体未抵达东南部地区,故该地区降温不明显	横槽转竖,引导极地冷空气南下,形成寒潮。16日白天黑龙江省西北部已处于低压后部,气温持续下降,黑龙江省西部其他地区和东北部地区仍处于低压降雪区内,白天气温变化不大,东南部地区仍受槽前西南风控制,入夜后气温变化也不大,直至17日02时转为北风才开始明显降温,但至17日14时东南部地区大部气温下降不足8℃	前期暖平流升温较明显;降雪集中时段为16日02—14时。16日20时前降雪区域地面以4级左右西南风为主,局地阵风达9级
西方路径	冷槽移动迅速,经向度大,黑龙江省大范围降温,地面气压场呈现自西向东明显的梯度,黑龙江省自低层到高层为一致的偏西北风		伴随大风天气,黑龙江省东部地区10个站24 h出现大风天气,最大风速17 m/s,出现在鸡西
北方路径	冷空气主体在黑龙江省以北,黑龙江省上游地区的高空槽东移划过黑龙江省,槽后偏北气流引导冷空气自西北向东南影响黑龙江省		地面冷锋从齐齐哈尔地区向东北方向移动,给齐齐哈尔、黑河、伊春一带造成10站大雪、5站暴雪天气。24 h最大降雪量18.4 mm,出现在依安
西北方路径	影响范围大,北部降温强	冷涡中心位置偏北,且等温线密集,西北风强,北部降温明显	大雪(黑河,8.4 mm)过后强降温。4个站大风,最大风速13 m/s

编号	时间（日时—日时）	天气特点				主要影响系统		类型
		主要影响区域	发生站数	最大降温幅度（℃）	出现站点	高空	地面	
HC20141012	1208—1308	除西南部外，黑龙江省大部	54	13.5	佳木斯	高空冷槽	低压、冷锋、冷高压	冷槽类
HC20141020	2008—2108	黑龙江省中东部	51	17.3	穆棱	冷涡、冷槽、低空西北急流	冷锋、冷高压	冷槽类
HC20141112	1208—1308	除西南部外，黑龙江省大部	57	11.8	鹤岗依兰	冷槽、低空西北急流、切变线	冷锋、冷高压	冷槽类
HC20150126	2614—2714	黑龙江省北部、中部	45	20.5	铁力	冷槽、切变线	冷锋、冷高压	冷槽型
HC20150207	0714—0814	黑龙江省中东部	46	17.1	延寿	冷涡、切变线	冷锋、冷高压	冷涡型

冷空气路径	天气现象特点	空间出现差异原因	备注
西北方路径	影响范围大,北部降温强	极地冷涡南深径向深槽,槽前汇合流场,系统北移减弱,快速移出。槽后西北气流引导冷空气南下,西北风强,北部降温明显。冷高压移入,辐射降温	伴有大风出现,极大风速达 41 m/s,出现在哈尔滨。平均风速最大为 13 m/s,出现在绥棱
西北方路径	影响范围大,东南部降温强	冷涡后部西北气流强,中东部地区为强冷平流,平流降温明显;加之夜间冷高压移入,辐射降温,中东部地区 24 h 降温范围、幅度均较大	冷锋后部偏西大风
西北方路径	影响范围大,东部降温强	低层气旋中心位于黑龙江东北部,气旋后部强西北冷平流区位于黑龙江东部	有大雪、暴雪、大风天气
西北方路径	降温幅度大,影响范围广,影响时间短,24 h 内寒潮。冷锋过后天气转晴的区域出现寒潮,东部地区受降雪影响,降温幅度小	西高东低,前期升温明显,后随高空槽引导冷空气南下影响,低压系统东移,冷锋过境,在冷平流最强区域出现强烈降温,东部有降水,冷空气东移势力减弱	东部地区有降水
北方路径	降温幅度大,影响范围广,影响时间短,24 h 内寒潮,东部地区伴有降水和大风	西高东低,东部地区前期暖脊影响,升温,中部地区前一日夜间有降雪,最低气温高。冷空气在黑龙江北部堆积,随低涡发展南下影响,锋区自大兴安岭向东南推进,在中东部冷平流最强区域出现寒潮	大风

编号	时间（日时—日时）	天气特点				主要影响系统		类型
		主要影响区域	发生站数	最大降温幅度(℃)	出现站点	高空	地面	
HC20150223	2314—2414	黑龙江省西部、南部	32	18.5	五大连池	冷涡、切变线	低压、冷锋	冷涡型
HC20150307	0714—0814	黑龙江省北部、中部	38	18.9	漠河	冷槽、切变线	冷锋、冷高压	冷槽型
HC20151023	2314—2414	黑龙江省中西部	54	14.6	集贤	冷槽、切变线	冷锋、冷高压	冷槽型
HC20160213	1308—1408	黑龙江省	47	17.0	五营	低槽、急流、冷平流	冷高压、高压冷锋	冷槽东移型
HC20160407	0708—0808	黑龙江省	42	14.0	勃利	东北冷涡、急流、冷平流	低压、冷锋	冷槽东移型
HC20161204	0408—0508	黑龙江省	75	21.0	五营佳木斯	低槽、急流、冷平流	冷高压	小槽发展型
HC20161225	2508—2608	除大兴安岭外，黑龙江省大部	40	15.6	嘉荫	低槽、冷平流	冷高压、高压冷锋	小槽发展型

冷空气路径	天气现象特点	空间出现差异原因	备注
西方路径	降温幅度大,影响范围广、时间长,伴随降水	21—22日冷空气从黑龙江西南部向北推进,降水自南向北,伴随4~8℃降温,23日贝湖东部冷空气补充南下,对黑龙江省西部、南部地区造成较强降温	有降水、大风
西北方路径	降温幅度大,影响范围广,伴随降水	横槽转竖,冷空气自北向南,影响范围大	8日黑龙江省中部出现寒潮天气,9日辽宁、吉林中东部出现寒潮天气
西北方路径	降温幅度大,影响范围广,北部伴随降水和大风	西高东低,西部强冷高压,北部高低压过渡区域等压线密集,风力较强,冷平流最强,降温幅度最大	寒潮、大风
西北路径	前期升温明显,自西向东降温,西部累计降温幅度很大	冷空气自西向东移动,东部地区前期有升温	
西北路径	黑龙江省自西向东降温,其中松嫩平原主要降温时段为前24 h;降温强度北部和东部大,西部小	冷空气自西向东移动,东部地区前期升温明显	出现54站大风,最大风23 m/s出现在富锦
超极地路径	前期升温较明显,冷空气强,黑龙江省大幅度降温,南部降温相对小	冷空气自北向南移动,前期升温明显	
西方路径	前期升温明显,黑龙江省自北向南降温,北部降温幅度大,南部降温幅度小	冷空气自北向南移动,前期升温明显	降温前有小雪,无大风

编号	时间（日时—日时）	天气特点				主要影响系统		类型
		主要影响区域	发生站数	最大降温幅度(℃)	出现站点	高空	地面	
HC20170216	1614—1714	东北地区中西部、黑龙江省东北部	40	17.9	五营	高空槽、低空低涡、低空切变线	蒙古气旋、冷锋	冷涡型
	1714—1814	黑龙江省东部	32	16.9	庆安	高空冷涡	低压后部	
HC20170228	2814—0114	黑龙江省西北部、中北部	23	17.4	呼中	高空冷涡、低空切变线	气旋、冷锋	冷涡型
	0114—0214	黑龙江省北部、东部	39	18.6	嘉荫	高空冷涡、低空切变线	高低压过渡带	
HC20171128	2808—2908	黑龙江省南部大部分地区、北部局部地区	53	16.9	牡丹江	高空槽、低空急流	河套低压	冷槽型

冷空气路径	天气现象特点	空间出现差异原因	备注
西方路径	影响范围大:黑龙江省除东北角局部地区外都达寒潮标准。强度大:个别地区 48 h 降温幅度超 20℃。黑龙江省东部、南部都伴有大风天气,阵风风力达 8 级,且日变化明显,集中在中午至傍晚;中部地区伴有降水	我国东部地区受冷涡影响,冷涡向东南偏东移动,冷空气自西向东影响。东北部夜间降水,辐射降温幅度比较小;16 日白天低层偏南风有微弱的平流升温。大风区伴随低压中心中部向东北移动,在低压后部和南部产生大风。低空辐合抬升和相对湿度较大处产生降水	15—16 日为大雪,16—18 日为大风寒潮
西方路径	影响范围大:除中南部部分地区外,黑龙江省大部分地区达寒潮标准。强度大:北部个别地区 48 h 降温幅度超 20℃。黑龙江省东部和北部伴有小到中雪。中西部之间产生雾,局部出现大雾	冷中心在西北部维持。随冷涡向东南偏东移动,冷空气从大兴安岭、黑河进入开始影响黑龙江省大部分地区,冷锋路径偏北。整个北部相对湿度较大,东北部和西北部有低层和地面辐合抬升产生了降水	大雾
西北路径	影响范围大:黑龙江省大部分地区出现明显降温,降温幅度较大,东部部分地区出现大风天气。28 日白天南部出现大范围雾、霾,夜间开始出现大范围降雪	贝湖冷空气向东南移动,从大兴安岭、黑河、齐齐哈尔移入,入侵黑龙江大部分地区。27 日自西向东有明显升温,暖中心位于南部,暖脊之后有冷槽,冷槽也是自西向东移动,导致黑龙江省先升温后降温,降温幅度较大	大风

编号	时间（日时—日时）	天气特点				主要影响系统		类型
		主要影响区域	雨夹雪站数	日降水极值（mm）	极值站	高空	地面	
YX20120316	1608—1708	除黑龙江省西部、北部外的东北地区	27	8.6	饶河	500 hPa 低涡、850 hPa 低槽、低空急流	东北低压	降温型
YX20120329	2908—3108	除黑龙江省西北部外的地区	46	15.7	海伦	低空切变、低涡、高低空急流	蒙古气旋	降温型
YX20120412	1208—1308	黑龙江省南部	11	7.2	哈尔滨	500 hPa 低涡、850 hPa 低槽、低空急流	东北低压	降温型
YX20121013	1308—1408	大兴安岭、齐齐哈尔北部	12	20.6	五常	低涡、低空急流	东北低压	降温型
YX20121016	1608—1808	黑龙江省大部	30	19.4	齐齐哈尔	低涡、高低空急流	东北低压	降温型

过程分析

主要系统演变	天气现象特点	空间出现差异原因	备注
500 hPa冷涡自北向南影响黑龙江，850 hPa低槽自西向东影响黑龙江，槽前低空急流稳定输送水汽。850 hPa低槽移出黑龙江后，500 hPa低涡控制黑龙江大部地区	涉及雨雪相态转换的区域在黑龙江省中南部，16日05时大部为降雪，中午转为雨夹雪，个别站点为雨，入夜后又转为雪	南部地区受白天气温升高及暖平流影响前期以雨夹雪为主，后期冷空气进入后大部地区转为纯雪	
850 hPa低涡自西向东移过黑龙江省南部地区，低涡发展时间长，西南低空急流长时间维持，水汽持续输送。西南暖平流向北伸展，发展成东南暖平流，与北方南下冷空气相遇，强烈暖锋锋生，降雪区域与锋区移过区域一致	29日白天南部大部地区开始降雨，入夜后自西向东转为雨夹雪和雪，至30日08时西部地区降雪基本结束，三江平原西部降雨夹雪，东部为雪，随冷空气进入都转为雪	前期黑龙江省南部地区850 hPa处于$-4℃$线控制，受温度日变化影响，白天由雪转为雨夹雪或雨，30日白天冷空气主体进入后，大部地区转为雪	暴雪
500 hPa低涡稳定维持在西伯利亚地区，850 hPa低槽自西向东迅速扫过黑龙江省南部	12日08时绥化南部、大庆、哈尔滨降雪，哈尔滨东部、牡丹江降雨，11时哈尔滨、牡丹江转为雨夹雪，其他地区降水结束，14时牡丹江转雨	850 hPa低槽影响位置偏南，0℃线控制黑龙江省南部地区	大风
冷涡自西向东影响黑龙江省，西南急流较稳定输送水汽。冷涡移速较快	13日白天大兴安岭降雨夹雪，齐齐哈尔北部降雨，14时齐齐哈尔北部部分站点转为雪	黑龙江省西部地区降水开始较早，此时气温较低，降水为雨夹雪，白天气温升高，西南部相态逐渐转为雨，北部气温较低，仍为雨夹雪	
冷涡自西南向东北缓慢经过黑龙江省，地面辐合中心16日白天在齐齐哈尔、绥化一带滞留时间较长，入夜后迅速移出，17日环流仍在东北部地区产生小雪量级的降水	16日白天南部地区降雨，入夜后西南部转雨夹雪和雪，17日白天西南部地区降雪逐渐结束，中南部地区维持雨夹雪的相态，入夜后降水逐渐减弱	辐合中心在黑龙江省西南部停留时间较长，在西南急流稳定的水汽输送下，累积降水量较大，随着冷空气从西北部进入，降水相态逐步向雨夹雪或雪转换，17日辐合低压系统移动较快，没能在东北部地区造成较大量级的降水	

编号	时间（日时—日时）	天气特点				主要影响系统		类型
		主要影响区域	雨夹雪站数	日降水极值（mm）	极值站	高空	地面	
YX20121108	0808—0908	黑龙江省北部	19	10.9	绥滨	低槽	东北低压	降温型
YX20121111	1108—1508	黑龙江省大部	50	37.3	鹤岗	低空急流、低涡	江淮气旋	降温型
YX20130405	0508—0608	黑龙江省中东部	21	11.5	宁安	高空槽	低压倒槽后部	低槽型
YX20130409	0908—1008	黑龙江省大部	32	10.4	绥芬河	低涡后部	地面低压后部	低涡型
	1008—1108	黑龙江省大部	45	3.4	齐齐哈尔			
	1108—1208	黑龙江省西南部和中东部	30	2.6	虎林			

主要系统演变	天气现象特点	空间出现差异原因	备注
850 hPa辐合线自西南向东北摆动,冷空气自西迅速侵入,辐合线在黑龙江沿岸维持时间较长	佳木斯、双鸭山西部持续降雨夹雪,双鸭山东部、鸡西东部8日白天降雨,入夜后转雪或雨夹雪	降水开始时东部地区气温较高,以雨夹雪为主,随着冷空气主体进入,逐渐转为雪。西北部地区降水开始时850 hPa温度接近−8℃,相态稳定为雪	
江淮气旋自西南向东北移至黑龙江省东部,经过渤海湾时强烈发展,在黑龙江省东部逐渐减弱填塞	11日白天大庆、绥化、伊春南部降雨夹雪,哈尔滨、牡丹江降雨,入夜后转为雨夹雪,12日白天哈尔滨、牡丹江短时间转为雨,三江平原降雨夹雪,12日夜间南部大部地区转为降雪,13日夜间三江平原转为雪	前期黑龙江省东部处于偏东急流的控制下,有稳定的水汽输送,12日辐合中心在黑龙江省中东部维持较长时间,冷空气逐渐从低涡后部侵入,自西南向东北逐渐从雨或雨夹雪转为雪	暴雪
黑龙江省东南部地区有急流从渤海输送水汽,同时该地区受暖脊影响;黑龙江省西部受高空槽影响,槽后西北气流引导冷空气向东移动,与东南部地区的偏南气流形成切变线	弱降温(0~2℃)	降雪范围与切变线位置大致相同	雨夹雪转雪
500 hPa低涡中心位于黑龙江省东北部,24 h内缓慢东移,受低涡旋转影响,不断有涡后横槽转竖过程,造成全省范围雨夹雪天气	温度场变化不大,全省850 hPa受−8℃线控制,无明显冷暖平流	分散性	间歇性雨夹雪

编号	时间（日时—日时）	天气特点				主要影响系统		类型
		主要影响区域	雨夹雪站数	日降水极值（mm）	极值站	高空	地面	
YX20130412	1208—1308	黑龙江省北部	10	10.5	漠河	低涡中心	地面低压、暖锋	低涡型
YX20130413	1308—1408	黑龙江省北部和东部	19	7.2	抚远	低涡中心	地面低压	低涡型
YX20130414	1408—1508	除黑龙江省西南部外，大部分地区	23	4.1	孙吴	低涡底后部	地面低压底部	低涡型
	1508—0608	黑龙江西北部和东部	11	微量	无			
YX20130417	1708—0808	黑龙江省西部和东北部	19	4.1	抚远	低涡	地面低压	低涡型
	1808—1908	黑龙江省大部	36	3.8	汤原		低压后部	
	1908—2008	黑龙江省大部	14	2.8	虎林			
YX20131014	1408—1508	除黑龙江省西南部	19	2.7	绥棱	低涡底部	地面低压底后部	低涡型

主要系统演变	天气现象特点	空间出现差异原因	备注
前期受偏西风转西南风暖平流影响迅速升温,12 日 20 时低涡移入黑龙江省西北部地区,中心位于大兴安岭北部,12 日夜间其底部冷空气给黑龙江省西南部地区带来降雪天气,黑龙江省西北部地区受低涡顶前部偏东风影响,配合地面暖锋,在黑龙江省西北部地区出现雨夹雪天气	前期雨夹雪,低涡后部冷空气影响地区雨夹雪转为雪	雨夹雪出现在暖锋前	雨夹雪转雪
500 hPa 低涡中心 24 h 内从大兴安岭南部移动到鹤岗地区,冷空气从低涡底部自西向东影响黑龙江省北部地区,暖脊由黑龙江省东部向西北部伸展,冷空气东移后雨夹雪转为雪	全省自西向东有 8℃ 左右降温。暖脊影响地区温度较高,有雨夹雪,冷空气扫过转雪	雨夹雪出现在暖脊处	雨夹雪转雪
黑龙江省在低涡底后部,受其冷空气影响,除了西南部地区外都有分散性雨夹雪天气	无明显切变,温度变化不明显	分散性	间歇性雨夹雪
17 日 08 时黑龙江省位于冷涡底前部,随着冷涡东移,17 日白天在黑龙江省西部地区形成一条偏北风与偏西风的切变线,给西部地区带来降水,17 日夜间到 18 日白天在东部地区形成一条偏西风与偏东风切变线,使东部降水较明显,18 日夜间到 19 日夜间全省受偏西北风控制。由于冷暖空气交汇不明显,以分散性降水为主,受气温日变化影响:白天雨或雨夹雪,夜间转雪	17 日白天雨或雨夹雪,夜间转雪	冷暖空气势力相当,降水相态受气温日变化影响	间歇性雨夹雪
13 日 850 hPa 黑龙江省南部大部地区受 0℃ 线控制,冷空气 13 日夜间影响黑龙江省,地面上可以看到明显的锋区	降温明显	降水区随冷空气向东移动	雨转雨夹雪

编号	时间（日时—日时）	天气特点				主要影响系统		类型
		主要影响区域	雨夹雪站数	日降水极值（mm）	极值站	高空	地面	
YX20131024	2408—2508	黑龙江省中南部和东部	15	49.0	双鸭山	低涡前部	地面低压	低涡型
	2508—2608		30	28.6	宝清			
YX20131106	0608—0708	黑龙江省中西部	21	18.4	依安	切变线转涡	低压中心后部	低涡型
YX20140317	1708—1720	黑龙江省中东部	18	15.0	鸡东	高空槽、高空急流、切变线	蒙古气旋、暖锋	高空槽
YX20140402	0208—0220	黑龙江省中东部	14	12.0	宁安	低涡、高空槽、切变线	低压倒槽	低涡
YX20140929	2908—2920	黑龙江省东南部	11	7.3	宁安	高空槽、高空急流、切变线	冷锋	高空槽

主要系统演变	天气现象特点	空间出现差异原因	备注
冷涡中心位于吉林省,中心温度为－6℃;黑龙江省中东部地区受暖脊影响,850 hPa温度在0～4℃,随着冷涡向东移动,偏西风带来的冷空气与黑龙江省南部的偏南风暖湿空气交汇,产生降雨,24日入夜开始雨雪转换,25日白天黑龙江省受西北气流控制,降水逐渐结束	冷暖空气较强,暖空气来自海上,水汽充足	偏西风与偏南风切变线逐渐东移使雨带东移	雨转雨夹雪转雪
6日08时黑龙江省南部地区850 hPa温度在0℃以上,同时黑河、齐齐哈尔交界处有一条东西向的切变线,逐渐发展成低涡,移动缓慢,维持在黑龙江省中北部地区。低涡后部冷空气逐渐影响全省,地面有明显锋区,降水区域随锋区东移	低涡后部冷空气较强	降水区域随锋区移动	雨转雨夹雪转雪
08时,高空槽位置偏南并东移,黑龙江南部处于暖脊中。地面蒙古气旋东移,在暖锋作用下出现雨夹雪。850 hPa温度为－4～0℃。20时高空槽东移,黑龙江省中东部地区冷平流加强	降水范围大,中南部大部地区有降水,降水分布较均匀,以雪为主。白天个别站点个别时段出现雨夹雪。降水量在0～15 mm,东南部个别站点有大雪、暴雪	暖锋附近及前部出现雨夹雪,地面低压内部暖区降雨。低压外围偏北风冷平流与暖空气作用出现雨夹雪	鸡东、虎林积雪深度≥10 cm,暴雪
1日贝湖暖脊快速发展,脊前西北气流引导极涡发展南下。冷空气自西北向东南产生雨夹雪。黑龙江东部位于气旋北部的倒槽中	降水范围大,中东大部有降水,降水落区自黑龙江中北部向东南移动。分布较均匀,以雨夹雪为主。白天个别站点出现雨或雪	受冷锋影响,东部地区逐渐降温,由雨转为雨夹雪再到雪	
高空经向深槽引导极地冷空气快速东移南下,影响黑龙江大部。850 hPa冷锋区向东南移动,造成大范围的降水天气。地面为蒙古高压前部的梯度区	降水范围小,集中在东南部。08时东南部开始降雨或雨夹雪。由于冷空气强,移动快,降水出现在冷锋前部,冷锋后部天气转好,地面强降温,出现寒潮	东南部前期暖,受冷锋影响,由雨转为雨夹雪	冷锋后寒潮

编号	时间（日时—日时）	天气特点				主要影响系统		类型
		主要影响区域	雨夹雪站数	日降水极值（mm）	极值站	高空	地面	
YX20141026	2608—2708	黑龙江省	35	16.1	抚远	低涡、高空急流、高空槽	蒙古气旋、冷锋	低涡
YX20150221	2108—2208	黑龙江省西南部	14	14.0	嫩江	冷涡、低空急流、切变线	蒙古气旋、暖锋	低涡
YX20150328	2808—2908	黑龙江省东北部	11	13.7	鹤岗	高空槽、切变线	蒙古低压	高空槽
YX20150404	0408—0508	黑龙江中南部	10	8.1	齐齐哈尔	高空槽、低涡、切变线	低压暖锋	低涡

主要系统演变	天气现象特点	空间出现差异原因	备注
极地冷空气南下在黑龙江西北部发展形成深厚的东北冷涡。大气斜压性强,黑龙江东部为暖平流升温,西部为冷平流降温。系统东移,冷暖空气共同作用产生全省范围的降水天气。地面蒙古气旋东移发展,其北部降水量大	降水范围大,降水自西向东影响全省。低压中心以降雨为主,冷锋前部为雨夹雪,冷锋后为雪。降水量在 0~4 mm,分布相对均匀,低涡中心个别站点超过 10 mm。降水过程中伴有大风,冷锋后出现寒潮	伴随地面系统发展东移,冷锋前降水以雨夹雪为主,冷锋后为雪,低压中心由于地面气温较高为小雨。由于暖锋位置偏北,暖锋附近及前部为雨夹雪或雪	东部大风、西北部寒潮
高空槽经向度大,切断成冷涡,地面上有黄河气旋和江淮气旋与蒙古气旋合并,蒙古气旋加强发展,从地面到高空形成深厚的涡旋,移动缓慢,暖锋锋生,在气旋中心、北部及暖锋处有暴雪。连续 3 d,黑龙江省中西部降雪后出现寒潮	降水范围大,从黑龙江省西南向东北推进,21日 08 时西南部开始降雪,午后地面气温 0℃以上,中南部地区转为雨夹雪,夜间随气温降低,冷空气的进入,全省转为降雪天气,随后气温下降,23 日出现寒潮	系统自西南向东北移动,在地面低压中心附近,暖锋加强,低层切变线,低空急流出口区附近动力、水汽条件配合好的区域降水量级大。午后热力条件加强,地面升温到 0℃以上,因此中南部出现雨夹雪	暴雪
中西伯利亚较强高压脊维持,东部以偏西气流为主,随着高压脊前西北气流使得冷空气向南发展,高空槽加强,影响黑龙江省中部地区,地面蒙古低压东移影响,从低压倒槽降水转为气旋北部降水	降水范围小,在黑龙江中部地区呈西南—东北向窄带分布,南部地区为雨,北部地区为雨夹雪到雪,降水过后出现较大范围的雾	冷空气位置偏北,北部地区气温低,出现雨转雨夹雪天气,南部降雨,高空槽加强后影响黑龙江省中部迅速东移,降水范围小	
西西伯利亚为强大高压系统,东部黑龙江省以北为冷涡,涡中心到贝湖为一横槽,新疆北部为南北向槽。受涡后高压前的偏北气流影响,有较强的冷平流,横槽转竖,与南槽合并加强。中低层为低涡,移到黑龙江省获得发展,涡前部有暖脊,暖平流、暖锋发展,造成大范围的雨雪天气,部分站点伴有大风	降水范围大,中南部大部地区有降水,降水分布较均匀,以雪为主。只有在白天个别站点个别时段出现雨夹雪	降水区与暖锋锋区一致,锋区降水明显	大雪、大风

编号	时间（日时—日时）	天气特点				主要影响系统		类型
		主要影响区域	雨夹雪站数	日降水极值（mm）	极值站	高空	地面	
YX20150405	0508—0608	黑龙江省中东部	16	11.1	抚远	高空槽、低涡、切变线	低压	低涡
YX20150409	0908—1008	黑龙江省北部和东部	12	8.3	乌伊岭	高空槽、低涡、低空急流	低压、暖锋	低涡
YX20150410	1008—1108	黑龙江东部	12	6.0	饶河	高空槽、低涡、切变线	低压、冷锋	低涡
YX20151210	1008—1108	黑龙江东部	11	5.7	鸡东	高空槽、辐合线	倒槽	
YX20160305	0508—0608	黑龙江省中东部	20	11.4	宝清	低涡、高低空急流	蒙古气旋、暖锋	低涡型
YX20160318	1808—1908	黑龙江省大部分地区	28	7.9	逊克	低槽、高低空急流	低压	低槽型

主要系统演变	天气现象特点	空间出现差异原因	备注
高空槽东移加强，槽前西南气流引导低涡向东北方向移动。低涡东移过程中，涡后冷平流加强，锋区转为南北向，受冷锋锋区影响，中东部地区有降水、降温天气	降水范围大，偏南地区为雨或雨夹雪；偏北地区降水量级大，以雪为主。6日随冷高压移入，降水结束，多地出现大风、降温天气	渤海湾低压倒槽北上，随后与蒙古低压合并，在黑龙江省中北部加强，系统强度增大，移动缓慢，北部降水量大于南部	暴雪
鄂海到贝湖为横槽，横槽逐渐转竖的过程中经向度加大，在大兴安岭北部切断形成冷涡。低层在黑河附近形成低涡，涡前部暖平流促使锋区加强北移，暖锋降水范围和强度均较大	降水分为两部分，北部为低压中心附近降水，气温低，以降雪和雨夹雪为主；东部为暖锋降水，以雨为主	受西部地区低涡中心影响，动力条件好，涡位置偏北，降水出现在偏北地区，气温低，以降雪或雨夹雪为主，东部急流条件好，受暖锋影响，气温较高，水汽充沛，降雨为主，降水范围较大	
低涡在黑龙江省北部缓慢向东移动，冷空气南压。低涡向黑龙江省东北部移动，涡后冷平流使锋区南压，造成东部降水	黑龙江省东部为冷锋降水，范围和量级均较小，雨转雨夹雪，较北地区为雪	受冷锋影响，东部地区逐渐降温，由雨转为雨夹雪再到雪	10日清晨东北部有大雾；11日清晨西南部有大雾
高空槽自西向东移过黑龙江省。地面上蒙古到黑龙江西部受高压控制，东海海面上为气旋，东移的过程中加强，并向北伸展，倒槽影响黑龙江省东部地区	降水集中在黑龙江省东部，南部雨夹雪，北部雪，降水量级小，夜间降温转为雪	东部受较强的暖平流影响，低压倒槽附近产生降水，后部受强高压影响，天气晴好，降水界限分明。雪后中东部地区出现大范围寒潮天气	寒潮
西伯利亚有低涡，分裂短波槽自蒙古向东移动加强成涡，低涡前侧切变线影响黑龙江省西部地区，同时有东阻使得系统移动慢；随着冷空气不断补充，低涡加强，急流加强，有水汽输送和辐合；蒙古气旋东移北上，暖锋自西南向东北移过黑龙江省	暴雪天气中，白天暖锋降水引起雨夹雪天气	暖锋的位置和维持时间是造成本次降水分布不均的主要原因，同时急流和地形因素造成的辐合也是降水分布不均匀的原因	
贝湖低槽东移发展加强，低槽位于黑龙江省西部，低空西南急流建立，配合暖脊的加强，有利于低槽发展加强成涡，地面低压中心一直位于黑龙江省西部，产生持续性降水天气	地面低压中心后侧的降水，局地降水量大，降水持续时间较长	低压系统移动缓慢使得降水持续时间长，低空急流的建立为降水提供了充足的水汽	

编号	时间 （日时— 日时）	天气特点				主要影响系统		类型
		主要影响 区域	雨夹雪 站数	日降水极值 （mm）	极值站	高空	地面	
YX20160410	1008—1108	黑龙江省 中北部	11	3.3	伊春	低槽	辐合线	低槽型
YX20161019	1908—2008	黑龙江省 大部分地区	19	6.7	双鸭山	低槽、高低空 急流	低压外围	低槽型
YX20161021	2114—2208	黑龙江省 中部地区	10	1.8	呼兰	低槽	弱暖锋	低槽型
YX20170312	1208—1308	黑龙江省 南部	14	7.5	绥芬河	高空槽、低涡、 低涡切变线	地面低压、 暖锋	高空 槽型
	1308—1408	黑龙江省 东部	24	7.7	宝清	高空槽	低压倒槽	

主要系统演变	天气现象特点	空间出现差异原因	备注
贝湖低槽加强东移形成东北冷涡,并稳定维持在黑龙江省,前期造成降水和大风天气,雨夹雪为系统后期,贝湖地区形成强盛的高压脊,脊前冷空气的补充使得降水相态发生变化,但是系统中心位于黑龙江省东北角,偏东气流的水汽条件一般,所以降水量较小	整体上本次降水量不大,以微量降水为主,降水主要时段集中在 10 日白天,降水开始时以雨夹雪为主,随着夜间气温下降以及冷空气的补充转为雪	系统已经处于后期,动力条件有所减弱,偏东气流的水汽条件一般	前 3 天有降水、大风天气
东西伯利亚低压,冷槽位于高度槽后,使得槽加深,自西向东影响黑龙江省,850 hPa 上锋区位于黑龙江省东部地区,配合西南急流带来的暖湿空气;地面低压中心位于俄罗斯远东地区,黑龙江省东部位于低压后部	主要降水时段为 19 日白天,北部地区是雨夹雪转雪,南部地区是雨转雨夹雪	贝湖冷空气强盛,使得降水相态发生转换,西南急流和地面南来的小低压提供了充足的暖湿条件	
极涡分裂小股冷空气南下,500 hPa 有短波槽东移,850 hPa 切变线自西向东划过黑龙江省大部地区,锋区位于南部地区,锋区在黑龙江省南部地区维持时间较长,地面低压倒槽伸向黑龙江省	降水主要时段为 21 日白天,北部地区是雨夹雪转雪,南部地区是雨转雨夹雪	冷空气强盛,使得降水相态发生转换,西南急流和地面南来的小低压提供了充足的暖湿条件	
11 日 08 时 500 hPa 上空自中西伯利亚至内蒙古东部有深厚的冷涡系统,冷涡底部的温度槽落后于高度槽,同时在低层 850 hPa 有强暖脊影响,系统移动过程中涡底部与北部逐渐分裂并加强,12 日 08 时,南部的槽在 850 hPa 已经切涡并影响黑龙江省西部,低层涡的西部偏北风速较大,冷空气明显,与涡的东部有强暖脊汇合,自西向东影响着黑龙江省,13 日 20 时黑龙江省完全有冷空气控制,降水过程趋于结束	影响面积大:黑龙江中南部大部分地区出现降水天气。天气现象复杂:南部由雾、霾天气转为雨夹雪,西部和东部地区由于降水时间偏早或偏晚,以降雪为主。降水量差异大:由于降水性质不同,雨夹雪的降水量很小,雪的降水量达到大雪。降水持续时间长:12 日 08 时至 14 日 08 时降水一直持续,但降水时间并不集中	太阳辐射时间和温度脊位置:在地面辐合线附近是降水主要区域,由于靠近温度脊的位置和白天太阳辐射的影响温度较高,出现雨夹雪天气。风速小:12 日 08 时南部地面风速较小,不利于污染物扩散,雾、霾天气较多	东部出现大雪,南部降水初期伴随雾、霾

编号	时间（日时—日时）	天气特点				主要影响系统		类型
		主要影响区域	雨夹雪站数	日降水极值（mm）	极值站	高空	地面	
YX20170320	2008—2108	黑龙江省中东部	14	3.9	绥芬河	高空槽、低空切变线	高压前部低压后部	高空槽型
YX20170506	0608—0708	黑龙江省北部	13	12.6	林甸	高空冷涡	东北低压、冷锋后	高空冷涡型
YX20171107	0708—0808	黑龙江省西南部和东北部	12	10.6	集贤	高空槽、低空切变线	低压冷锋后部	高空槽型

主要系统演变	天气现象特点	空间出现差异原因	备注
19 日 500 hPa 上空自贝湖至内蒙古有冷涡,由于涡中心与冷中心基本重合,所以系统有所减弱,20 日 08 时已经减弱成槽,且移速较快,槽线附近所经之处出现了降水天气	降水持续时间短:20 日夜间降水基本结束。天气现象复杂:出现了雪、雨夹雪、雨、雾、霾多种天气现象	切变线附近、比湿大值区、水汽辐合区是降水主要区域,受太阳辐射影响在降水区产生的天气现象是雨夹雪或雪	
5 日 08 时 500 hPa 自贝湖东部至华中地区有深厚的槽,温度槽落后于高度槽,系统东移过程中加强,20 时加强成涡,涡中心位于黑龙江西南部,6 日 20 时涡中心基本与冷中心重合,中心位于黑龙江东北部,系统开始减弱	降水范围大:黑龙江大部分地区出现降水天气。天气现象较多:西部地区由雨夹雪转雪,中东部地区为阵雨或小雨,局部地区出现沙尘,南部大部分地区出现大风天气	随高空冷涡和地面低压中心北移至黑龙江省北部,低压南部和后部都有大风天气,靠近低压中心伴有降水,距低压中心较远处有沙尘	大风
6 日开始在贝湖至长江中游有深槽,由于温度槽落后于高度槽,系统在东移过程中加深,至 8 日 08 时槽线位于黑龙江东部。系统移出黑龙江时仍然在加强	降水范围大:除黑龙江西北部外基本都出现了降水。降水持续时间长:多个地区降水持续时间都多达数小时。天气现象复杂:7 日白天黑龙江出现雨,下午在东北部、北部由雨转雨夹雪,夜间东北部的局部由雨夹雪转雪。降水的同时在中部、南部大部分地区出现雾,局部地区为大雾	降水区位于切变线的南风一侧,低层为温度露点差低值区。出现雾的地区气压梯度较小	

编号	时间（日时—日时）	天气特点				主要影响系统		类型
		主要影响区域	雨夹雪站数	日降水极值（mm）	极值站	高空	地面	
YX20171109	0908—1008	黑龙江省西南部和东北部	12	14.5	富裕	高空槽、低空切变线	蒙古气旋	低涡型
	1008—1108	黑龙江省西北部、南部、东部	27	15.7	虎林			
YX20171113	1308—1408	黑龙江省东部	11	8.6	密山	高空冷涡、低空切变线	冷锋	冷涡型
YX20171128	2808—2908	黑龙江省东南部	15	5.8	富锦	高空槽、低空急流	低压冷锋	高空槽型

主要系统演变	天气现象特点	空间出现差异原因	备注
东部系统移出的同时,西部又有系统自贝湖移入,850 hPa 槽线前部有明显暖脊,9 日 20 时低层加强成低涡,温度线位于高度线之后,系统一直加强	降水范围大:黑龙江大部分地区都出现了降水天气。降水时段集中:9日午夜以后至 10 日上午是降水主要时段。降水量空间差异大:降雨区,雨量都在 1 mm 以下,降雪区在北部出现大雪。天气现象复杂:9日降水性质基本为雨夹雪,10 日大部分地区为雪。10 日清晨中部和南部大部分地区出现雾	降水区为切变线右侧偏暖一侧,水汽辐合区。雾区风速较小	降水区的相对湿度不是很大,但水汽辐合非常明显
12 日 08 时 500 hPa 在贝湖北部有冷涡,冷中心位于高度中心后部,冷涡东移过程中不断加强。14 日 08 时移至黑龙江中部	降水分布集中:降水区分布在西北部、中部和东北部。天气现象复杂:13 上午开始自黑龙江西北部出现降雪,降雪区向东移动,傍晚前后东北部出现雨夹雪,夜间降水基本结束。13 日至 14 日清晨,北部多个地区出现雾	降水区为切变线靠暖的一侧	降水区的相对湿度不是很大,但水汽辐合非常明显
28 日 08 时,内蒙古东北部有深厚的槽,温度场落后于高度场,系统东移过程中有所加强,20 时加强成涡,且高度场中心与暖中心非常接近。29日 08 时再减弱成槽	降水范围大:黑龙江西北部、南部和东部都先后出现了降水。降水时段集中:降水主要集中在 28 日午后至傍晚。天气现象复杂:28 日上午黑龙江中部出现明显雾、霾天气,午后南部局部地区为雨夹雪,其他地区以降雪为主	切变线靠暖的一侧,水汽辐合区	降水区的相对湿度不是很大,但水汽辐合非常明显

编号	时间（日时—日时）	天气特点				主要影响系统		类型
		主要影响区域	发生站数	最大风速（m/s）	出现站点	高空	地面	
DF20120220	2008—2108	黑河南部、齐齐哈尔北部、黑龙江省东部	18	21	勃利海林	高空冷涡	地面低压、冷锋	低压大风、锋面大风
DF20120319	1908—2008	黑龙江省东部	13	23	绥芬河	高空冷涡	低压后部	低压大风
DF20120328	2808—3108	黑龙江省除西北部以外的地区	39	25	绥芬河	高空冷涡	蒙古气旋、冷锋	锋面大风、低压大风
DF20120408	0808—0908	黑龙江省东北中部	21	22	延寿	高空冷涡	蒙古气旋	低压大风
DF20120411	1108—1208	黑龙江省松嫩平原东部、三江平原	23	23	勃利	高空冷涡	地面低压	低压大风

过程分析

天气现象特点	空间出现差异原因	备注
黑河南部、齐齐哈尔北部大风主要出现在 20 日白天,最大风力 6～7 级,入夜后明显减弱,风向为西偏北;黑龙江省东部地区大风在上午出现,下午加强,傍晚至夜间达到最强,出现大面积 8 级风,局地达到 9 级,20 时后风力逐渐减弱,以偏西风为主	海平面气压场呈西高东低型。随着高压移入,高压前沿的黑河南部、齐齐哈尔北部出现大风;黑龙江省东部地区大风出现时正值锋面过境,故东部地区上午以锋面大风为主,下午锋面过境后为气压梯度引起的低压大风。黑龙江沿岸处于低涡中心,有辐合抬升,同时伴有降水	
19 日白天黑龙江省东部地区大部风力在 5 级以上,19 日 11—20 时黑龙江省东部地区局部持续出现 8～9 级大风,入夜后逐渐减弱。无伴随降水。3 h 变压最大值为 2.2 hPa	海平面气压场呈西高东低型。随着高压移入,黑龙江省东部地区气压梯度加大,风力加大	
28 日 14 时黑龙江省南部地区大部风力在 5 级以上,29 日 11 时气旋中心进入黑龙江省,风力较大,气旋中心风力在 9 级左右,并一直维持到 30 日 11 时气旋移出,之后黑龙江省东部以 5～7 级西北风为主,局地出现短时 9～10 级大风。东部地区在 30 日入夜后风力减弱	500 hPa 引导气流冷空气自西向东缓慢移动;28 日 08 时—29 日 20 时 850 hPa 低涡自西向东移过黑龙江省南部地区,期间低涡后部维持冷平流,低涡前部维持暖平流,低涡发展时间长,低空急流长时间维持,30 日 08 时低涡移出后,后部西北气流继续引导冷空气南下。整个过程期间,海平面气压场呈南高北低,高压稳定少动。前期蒙古气旋过境造成锋面大风和低压大风同时存在,后期气旋主体移出后以低压后部的低压大风为主	
大风区域主要为松嫩平原和三江平原西南部,以 8 级左右西南大风为主,时段集中在 08—14 时,17 时之后逐渐减弱,20 时后基本结束。白天黑龙江省西南部出现大面积扬尘。黑龙江省北部有分散性阵雪,南部地区局地出现阵雨	黑龙江省南部、吉林大部处于地面低压南部、高压北部,低压向东北方向移动,大风区也随着扩大到黑龙江省东部。受高空低涡过境影响,黑龙江省北部有分散性降水产生	
11 日 08—20 时黑龙江省南部地区出现持续的 5 级以上偏西风,三江平原风力维持在 6～8 级,局地出现 9 级风;14 时前后松嫩平原东部也出现了 7 级左右大风。南部地区伴有小到中雨	11 日 08 时黑龙江省处于高空低涡西南部、高压东北部。低压北收过程中有所加强,地面东移过程中带来大风,高低压过渡带的气压梯度变大。三江平原接近低涡中心,故风力维持较大	

编号	时间（日时—日时）	天气特点				主要影响系统		类型
		主要影响区域	发生站数	最大风速（m/s）	出现站点	高空	地面	
DF20120413	1308—1408	除东南部外的黑龙江省其他地区	26	25	巴彦	高空冷涡	地面低压、冷锋	锋面大风
DF20120428	2808—2908	除西北部外的黑龙江省大部地区	35	25	依兰	高空低涡	东北低压	低压大风
DF20120522	2208—2308	黑河东部、伊春北部至绥化一线	15	20	北安嘉荫	高空冷涡	东北低压	锋面大风
DF20120829	2908—3008	辽宁省、吉林省、黑龙江省中东部	20	28	勃利绥芬河	台风、温带气旋	台风、温带气旋	低压大风
DF20121204	0408—0508	黑龙江省东部偏南、吉林省东北部	12	23	密山	高空槽、低空涡	低压后部	低压大风

天气现象特点	空间出现差异原因	备注
13 日 11—23 时黑龙江省西部大部地区及三江平原部分地区出现 5 级以上的大风区，17—20 时松嫩平原出现成片的 8 级风，局地 9～10 级，风向由西南转西北，14—20 时大兴安岭地区出现 8 级风，17—23 时三江平原中部局地出现 8 级偏南风	08 时地面低压中心在大兴安岭北部地区，地面锋线位于大兴安岭—齐齐哈尔一线，20 时移至伊春—哈尔滨东部一线。锋面强度较大，20 时 3 h 变压达到 7.2 hPa。高、低空急流经过黑龙江省南部，带来动量下传，大兴安岭地区位于低空槽后的左侧强辐合区	下午西南部局地出现扬尘
28 日 08—20 时，黑龙江省西南部及三江平原持续出现 4 级以上的西南风，14—20 时黑龙江省西南部和三江平原出现大片的 8～9 级的大风区，局地风力达 10 级。东部大部地区 29 日 11—17 时大部维持 5 级以上的西南风，14—17 时出现成片 8～9 级大风区	28 日 08 时地面低压中心位于黑龙江省西部，低压北抬，西南部处于高、低压过渡带，气压梯度逐渐增大。另外，由于依兰处于小兴安岭、完达山和张广才岭的包围下，系统经过时，气压梯度有所增强	
22 日 08—17 时，在黑河东部—绥化一线出现大片 5 级以上西南风区，14 时风速达到最大，在该区域出现一条带状的 8 级风区，17 时后风速有所降低，5 级风区域向东移动至伊春北部—哈尔滨西部一线	大风区位于低空锋区前部和低空急流正下方。同时该区域位于地面锋线前侧，22 日白天位置基本没有变化，导致该大风区稳定维持在该区域，20 时后才缓慢减弱东移	
29 日 05 时黑龙江省南部开始出现 8 级风，29 日上午台风主体进入黑龙江省南部，出现大面积大风区，17 时风力有所减弱，20 时风力再次加强，中南部出现大片 8 级风，30 日 02 时后有所减弱，但 30 日 08 时三江平原部分站点风力仍在 8 级以上	台风"布拉万"28 日夜间开始影响黑龙江省南部，进入黑龙江省后向东北方向移动，29 日 14 时减弱为热带低压，17 时中央台停止编号，冷空气侵入导致气压梯度增大	2012 年第 15 号台风"布拉万"
双鸭山西南七台河和绥芬河及周围部分站点 4 日 08 时—5 日 02 时持续出现 8 级以上大风，局地 9 级，05 时后有所减弱。4 日 08 时—5 日 08 时三江平原有区域性大雪，大风区域有小雪、中雪	海平面气压场呈西高东低的形势。4 日 08 时地面低压中心位于黑龙江省三江平原以东，受位于辽宁、吉林的高压推动，低压之后缓慢西移北抬，大风区域位于低压西南侧，高低压之间气压梯度较大区域内	

编号	时间（日时—日时）	天气特点				主要影响系统		类型
		主要影响区域	发生站数	最大风速（m/s）	出现站点	高空	地面	
DF20130307	0708—0808	黑龙江省大部地区	29	17	鸡西	低压槽	地面低压底部	低压大风
DF20130310	1008—1108	黑龙江省东南部	13	41	哈尔滨	高低压过渡带、冷槽	高低压过渡带、地面低压后部	低压大风
DF20130317	1708—1808	黑龙江省西部和东部部分地区	10	12	鸡西	低涡底前部、冷平流	地面低压中心底前部	低压大风
DF20130327	2708—2711	黑龙江省东部	14	24	依兰	低涡前部、急流	低压前部	低压大风
DF20130403	0308—0408	黑龙江省除西北部地区	24	26	鸡西	高空槽、冷槽	低压底部	低压大风
DF20130413	1308—1408	黑龙江省南部地区	16	21	鸡西	高空槽、冷槽	低压底部、锋面	低压、锋面大风
DF20130429	2905—3005	黑龙江省中北部、中部	11	12	逊克铁力通河	低涡	低压顶前部	低压大风
DF20130530	3011—3020	黑龙江省东南部	14	27	勃利	高低压过渡带、冷槽	低压底部	低压大风

天气现象特点	空间出现差异原因	备注
早晨到下午为大风的主要时段,黑龙江省大部出现4级以上偏西北风,集中在东部地区,最大风8级出现在中午	冷槽移动迅速,经向度大,黑龙江省范围降温,东部地区位于地面低压的底部,梯度较大	黑龙江省61个站24 h降温超8℃,嘉荫站降温幅度最大为18.6℃
10日白天为大风的主要时段,偏西风20~30 m/s。最大风速出现在11日05—08时	黑龙江省位于低涡后部,受偏西气流影响,东部地区气压梯度大,10日夜间高压脊移入黑龙江省,东南部地区地面转为高压顶控制,大风天气减弱	大风区北部有降雪天气
低涡后部有降雪天气	受低涡影响黑龙江省大部出现分散性大风,850 hPa上黑龙江省出现18~20 m/s的风速带	低涡后部有降雪天气
低涡后部有降雪天气	偏西风风速在17~20 m/s,大风区域位于低涡前部急流区	
11时后大风站数明显增多,20时后大风天气减弱。大风天气位于地面低压底部,地面低压白天一直维持在黑龙江省中北部地区,地面低压入夜后减弱	大风天气位于地面低压底部、冷锋前部,地面低压白天一直维持在黑龙江省中北部地区,地面低压入夜后减弱。高空上表现为高空槽引导冷空气进入黑龙江省	北部地区有雨夹雪天气,降温幅度不大,为3~5℃
偏西风,风速在20 m/s左右,大风主要出现在低压底部,14时前后出现锋面大风	地面低压在黑龙江省中北部地区,维持时间较长,入夜后减弱东移	前期黑龙江省东部地区处于暖脊中,所以东部地区降温幅度在8~10℃
大风出现在29日早晨到上午,高空低涡中心位于齐齐哈尔南部,黑龙江省受低涡前部暖脊控制,黑龙江省上游地区为经向度较大的冷槽。地面低压系统在吉林省西部地区,白天地面低压东移加强,黑龙江省受地面低压顶部偏东气流影响	上午黑龙江省受暖脊影响,地面升温,地面低压加强,低压顶部区域风力达到大风级别。午后,高空冷槽东移,代替暖脊,随着冷空气侵入,地面低压减弱东移,风力减弱	无降水天气,黑龙江省南部自西向东有弱降温,降幅平均2~4℃
地面低压中心减弱的过程,在低压底部有17~27 m/s偏西风,高空有偏西风急流	急流轴的位置在黑龙江省东南部地区,动量下传作用明显	

编号	时间（日时—日时）	天气特点				主要影响系统		类型
		主要影响区域	发生站数	最大风速（m/s）	出现站点	高空	地面	
DF20130531	3114—0102	黑龙江省西南部	23	28	克山	高空冷槽	锋面、低压	锋面大风
DF20131014	1408—1505	黑龙江省东部	13	23	勃利	高空冷槽	地面低压底部	低压大风
DF20140202	0208—0308	黑龙江省南部	24	25	鸡西	高空槽、低空西北急流、切变线	低压、冷锋、冷高压	锋面大风
DF20140414	1408—1508	黑龙江省大部	11	23	鸡西	高空槽、低空西北急流、切变线	低压、冷锋	锋面大风
DF20140415	1508—1608	黑龙江省东部	16	25	鸡西	高空冷槽	低压、冷锋、冷高压	锋面大风
DF20140528	2808—2908	黑龙江省南部	35	32	密山	东北冷涡、低空西北急流、高空槽	低压、冷锋	锋面大风
DF20141019	1908—2008	黑龙江省南部	17	26	绥棱	高空冷槽、低空急流、切变线	低压、冷锋	低压大风
DF20141026	2608—2708	黑龙江省南部	31	24	鸡西	冷涡、低空急流、切变线	低压、冷锋、冷高压	锋面大风
DF20141113	1308—1408	黑龙江省东部	18	23	绥芬河	冷涡、冷槽	低压	低压大风

天气现象特点	空间出现差异原因	备注
大风出现在地面低压中心底部锋面附近	前期黑龙江省中东部地区受较强暖脊控制,冷槽迅速移入黑龙江省,槽前有急流出现	24 h 西南部地区有 4～6℃ 降温,东部地区升温;无明显降水
地面低压底部偏西大风,18～21 m/s 居多	高空冷槽在 24 h 内加强为冷中心,影响黑龙江省东北部地区,地面低压在黑龙江省东北部地区加强后东移	东北部个别市、县出现 8～10℃ 降温
东北区域大风,位置偏南	东北低压东移北上,蒙古冷高压西伸,南部等压线梯度大。伴随高空冷平流,地面正变压区位于低压后侧,变压风强	伴随寒潮出现。大风区无降水出现
冷锋前部偏南大风,范围和强度小,冷锋后部偏北大风,范围和强度大	冷锋前负变压范围和强度小,中心出现偏南大风;冷锋后正变压范围和强度大,大的正变压区为偏北大风	伴随寒潮自西向东移动。14—17 时出现 8 站大风;15 日 08 时出现多站大风
东部地区处于冷锋后部,为偏北大风	东北低压东移北上,蒙古冷高压西伸,南部等压线密集。伴随高空冷平流,地面正变压区位于低压后侧,变压风强	东部寒潮。无降水出现
落区偏南,冷锋后偏北大风	地面低压偏北,低压冷锋后部偏北气流强,冷平流显著。冷锋后偏北大风	内蒙古东北部、吉林省出现大风。大风区域降水少,冷锋北部、低压附近降水稍大
大风区范围小,冷锋前偏南大风	东北低压发展加深,等压线密集,风速增大;加之变压风和动量下传作用加大了风速	无降水出现。吉林出现两站扬沙
中南部大部分地区出现大风,由西南大风转为西北大风	地面低压偏北,蒙古高压东移,低压后部等压线密集,偏北气流强。高空冷平流显著。冷锋后偏北大风。变压风和动量下传	大风和弱降水相伴出现
落区偏东,范围广,持续时间长	低压位于日本海北部,低压后部等压线密集,低压后部出现偏北大风。冷涡后部西北气流强,强冷平流,地面正变压	

编号	时间（日时—日时）	天气特点				主要影响系统		类型
		主要影响区域	发生站数	最大风速（m/s）	出现站点	高空	地面	
DF20141201	0108—0208	黑龙江省东部、西部	15	32	肇州	冷涡、切变线	低压	低压大风
DF20141202	0208—0308	黑龙江省东部、南部	24	28	绥芬河	冷涡、切变线	低压、冷锋	低压大风
DF20150413	1308—1405	黑龙江省西部	20	25	绥棱	低槽	低压、冷锋	低压大风
DF20150415	1508—1605	黑龙江省西部	12	21	绥棱	高空槽、低涡、切变线	低压、冷锋	锋面大风
DF20150423	2308—2405	黑龙江省中东部	26	25	绥滨	冷涡、切变线	低压、冷锋	锋面大风
DF20150501	0108—0205	黑龙江省南部偏西	14	21	巴彦宾县	冷槽	低压	低压大风
DF20150503	0308—0405	黑龙江省中西部	27	21	依安绥棱	高空槽、冷涡、切变线	低压、冷锋	锋面大风
DF20150505	0508—0605	黑龙江省南部、东部	27	26	宾县	高空槽、低涡、切变线	低压、冷锋	低压大风
DF20160401	0108—0208	黑龙江省南部	34	22	海伦巴彦	冷涡、急流、冷平流	蒙古气旋、低压冷锋	锋面大风
	0208—0220	黑龙江省南部	34	20	拜泉肇东	低涡、急流、冷平流	蒙古气旋、低压冷锋	锋面大风
DF20160403	0308—0320	黑龙江省中北部	13	22	宝清	低槽、急流、冷平流	冷锋、低压	冷锋后偏北大风

天气现象特点	空间出现差异原因	备注
落区分散,范围广,持续时间长	地面低压位于日本海,蒙古高压发展东移,低压后部等压线密集、风速大。低压后部偏北大风 24 m/s,强冷平流	大风区有强降雪
落区偏东、偏南,范围大,站点分散,持续时间长	地面低压位于日本海,蒙古高压发展东移,低压后部等压线密集,风速大。低层西北风大,强冷平流	靠近低压一侧大风区有强降雪
大风范围大、强度强,日变化明显	南高北低,低压中心在大兴安岭北,低压底部等压线密集,气压梯度大,高空为 20 m/s 以上偏西气流影响,动量下传	
冷锋前偏南风,站点分散,强度大,日变化明显,伴随阵性降水	地面低压强烈发展,中心在大兴安岭北部,冷锋强,大风主要在冷锋前部,有变压风	
出现在锋面附近,伴随降水,日变化明显	高空冷涡发展,地面低压在黑龙江省北部,东移加强,大风出现在冷锋锋面过境时	
大风范围小,出现在低压中心附近,日变化明显,伴随弱降水	地面低压范围小,在黑龙江省南部发展加强,低压中心附近出现大风	伴随扬沙
大风范围大,出现在冷锋附近,伴随降水,日变化明显	冷涡加强,气旋东移发展,中心气压降低,冷锋前后出现西南转西北大风,有变压风	伴随弱降水
范围大,随低压系统向东推进,伴有降水	西高东低,低压大风,伴随降水	伴随扬沙
黑龙江省南部出现持续 2 d 的大风天气,以偏西和西南大风为主	强烈的低压系统稳定维持在黑龙江,其中心位于黑龙江北部	
黑龙江省中北部出现大风天气,以西北风为主	低压系统移动到黑龙江省以北的俄罗斯境内	

编号	时间（日时—日时）	天气特点				主要影响系统		类型
		主要影响区域	发生站数	最大风速（m/s）	出现站点	高空	地面	
DF20160406	0608—0708	黑龙江省南部	13	24	肇州	低槽、急流	冷锋、低压	冷锋前西南大风
	0708—0808	黑龙江省	58	24	绥滨	低涡、急流、冷平流	冷锋后部、低压	低压大风
	0808—0908	黑龙江省南部	23	21	鸡西	低涡、急流、冷平流	冷锋后部、低压	低压大风
DF20160421	2108—2117	黑龙江省南部	27	19	泰来	低涡、急流、冷平流	冷锋、低压	锋面大风
	2208—2220		22	22	肇东		低压、冷锋后部	低压大风
DF20160503	0308—0408	黑龙江省大部	35	24	肇东肇源兰西	低涡、急流	低压、低压倒槽	低压大风
	0408—0420		29	22	依兰			
DF20160513	1308—1408	黑龙江省南部	11	20	抚远	低槽、急流、强冷平流	低压、冷锋	锋面大风
	1408—1508		46	25	嫩江拜泉依安		低压	低压大风
DF20160518	1808—1908	黑龙江省松嫩平原	18	22	宾县	低槽、冷平流	低压	低压大风
DF20160831	3108—0108	黑龙江省南部	20	20	绥滨	台风	低压、低压倒槽	台风大风
DF20160925	2508—2608	黑龙江省东部	11	22	鸡西	低槽	低压	冷锋后偏西大风
DF20161026	2608—2708	黑龙江省南部	13	24	宾县	低槽、冷平流、急流	低压	低压大风

天气现象特点	空间出现差异原因	备注
黑龙江省南部出现持续 3 d 的大风天气,其中第一天为冷锋前偏南大风,第二天大风最强,区域最大,以低压底部偏西大风为主;第三天大风主要位于松嫩平原,以低压后部西北大风为主	高空低槽自贝湖向东移动,7 日高空冷槽加强使得地面低压发展加强,气压梯度增大,产生大风天气	
20 日 08 时大风天气就开始了;21 日 08—17 时大风出现,以冷锋过境产生的大风为主;22 日大风出现在 08—20 时,以低压底部大风为主	蒙古气旋向东移动,21 日冷锋移动过程中,黑龙江省自西向东出现大风;22 日随着高空冷平流加强,地面低压发展,低压底部产生大风天气;东阻的建立使得系统移动缓慢	
黑龙江省自南向北出现维持 2 d 的大风天气	江淮气旋北上,与贝湖东部南下冷空气交汇,使得低压发展加强,中低空急流加强	
黑龙江省自西向东出现大风天气,第一天为冷锋过境产生的大风,第二天为低压底部产生的大风	蒙古气旋自西向东移动,经过黑龙江省,高空槽随着冷空气的补充而加强	
黑龙江省松嫩平原地区出现大风天气,大风区域位于低压前侧,以偏南大风为主	低压中心位于内蒙古东部地区,低压前部偏南气流配合高空的暖平流以及大兴安岭北部的冷平流,有利于锋生,从而产生大风	
黑龙江省南部地区自南向北出现大风天气,为台风"狮子山"倒槽产生的大风	台风"狮子山"北上变性影响东北地区。台风倒槽伸向黑龙江省东部地区,北部有冷空气补充	东部地区有暴雨天气
黑龙江省中东部自西向东出现大风天气,大风为冷锋过境产生,以偏西风为主	温度槽落后于高度槽,使得槽在东移过程中加强,地面低压加强,锋后气压梯度力大,产生大风	
黑龙江省除大兴安岭以外的地区均出现大风天气,位于低压北侧,以偏西大风为主	低压中心位于鄂海、高压中心位于内蒙古中部偏东,黑龙江省位于高压前低压后,气压梯度大	

编号	时间（日时—日时）	天气特点				主要影响系统		类型
		主要影响区域	发生站数	最大风速（m/s）	出现站点	高空	地面	
DF20170127	2708—2808	黑龙江省东部	11	20	鸡西东宁	高空冷涡	东北低压	低压大风
DF20170216	1608—1708	黑龙江省东部和南部	27	25	宝清	高空槽、低空低涡、低空切变线	蒙古气旋、冷锋	低压大风
	1708—1808	黑龙江省东部	14	24	鸡西	高空冷涡	低压后部	低压大风
DF20170402	0208—0308	黑龙江省东部、东南部	13	21	鸡西	高空槽	低压	低压大风
DF20170408	0808—0908	黑龙江省东部	23	19	呼玛鹤岗绥滨桦南密山牡丹江	高空槽、低空低涡	东北低压、冷锋	锋面大风
DF20170410	1008—1108	黑龙江省西部、中南部和东北部、吉林中部	23	23	伊春	高空槽、低空低涡	地面气旋、冷锋	锋面大风

252

天气现象特点	空间出现差异原因	备注
范围小:大风区的范围不大,主要出现在黑龙江省东南部。风力大:多站出现8级以上大风。日变化:集中在中午至傍晚时段。局部地区出现降雪,西南部大部分地区出现雾、霾	气压梯度大:低压中心位于库页岛,东部地区气压梯度大。中心为1035 hPa的高压位于华北北部并缓慢向山东半岛移动,造成北低南高的形势,中东部地区气压梯度增大。增强斜压性:层结不稳定有利于动量下传	
黑龙江东部和南部产生大风天气,阵风可超8级,日变化明显,主要集中在中午至傍晚;黑龙江省有强降温;中部地区同时伴有降水	低压中心自黑龙江省中部向东北移动,在低压后部和南部产生大风。低空辐合抬升和相对湿度较大处产生降水,有3 h正变压	15—16日为大雪,16—18日为大风、寒潮
影响范围大但分布零散:主要集中在黑龙江东部和东南部,但中部、西北部、西部也有大风出现。风力大:部分地区风力达8级。日变化:主要在白天。其他天气:东部和东北部出现阵雨,西南部出现霾,最低能见度1.1 km	天空晴朗有利于辐射升温叠加低层温度脊增强了层结不稳定,有利于动量下传,3 h变压较大,增加气压梯度,有变压风	西南部和吉林西部大片雾、霾天气
东部地区上午至午后出现大风,阵风可超8级,局部地区产生弱降水	低压中心位于库页岛西部,北部和东部地区气压梯度较大。同时冷锋位于东部	
黑龙江东部地区出现大风,局部阵风可达8级,日变化明显,白天至午后风力较强	低压中心位于黑龙江省以北,对应白天时段低压中心南部和西部大风。大风区地势平坦	

编号	时间 （日时— 日时）	天气特点				主要影响系统		类型
		主要影响 区域	发生 站数	最大 风速 （m/s）	出现 站点	高空	地面	
DF20170412	1208—1308	黑龙江省 西部和南部、 吉林中部	27	23	肇东	高空冷涡	高低压过 渡带、冷锋	锋面大风
	1308—1408	黑龙江省 中南部、东部	12	23	明水	500 hPa 显著 西北气流、 850 hPa 槽前	高低压过 渡带	低压大风
	1408—1508	黑龙江省 中南部、东部、 东南部	17	20	通河	高空槽	气旋	低压大风
	1508—1608	黑龙江省大部、 吉林东部	70	23	伊春 汤原 桦南	高空槽、 低空低涡、 低空切变线	气旋、冷锋	低压大风
DF20170417	1708—1808	黑龙江省 中北部、东部	16	24	鸡西 牡丹 江	低涡、低空 急流、	高低压过 渡带	高压后部大风
DF20170422	2208—2308	黑龙江省 西北部、中部 偏西	10	18	塔河 呼中 嫩江 克东	高空槽、 低涡、低空 急流	气旋、冷锋	低压大风
DF20170425	2508—2608	黑龙江省东部	11	20	宝清	高空冷涡、 低空切变线	气旋、冷锋	低压大风
DF20170429	2908—3008	东北地区大部	39	27	呼兰	高空槽、 低空低涡	低压、冷锋	锋面大风

天气现象特点	空间出现差异原因	备注
黑龙江西部和南部多站发生大风天气,日变化明显,东北部的局部地区产生雨夹雪	大风区位于低压后部,高空风速较大,利于动量下传、有明显 3 h 负变压	
范围广:影响了黑龙江省和吉林东部。持续时间长:连续数日出现大风天气,其中 15 日白天大风的影响范围最大。风力大:大部分风力超过 8 级。日变化明显:集中在中午至傍晚,午后最强。其他天气现象:西北部有降雪,量级以小雪为主,局部有中雪;北部和东北部有零星阵雪	负变压中心附近,变压风较大。低层暖脊上空,有层结不稳定,易产生动量下传	东部大风是高空冷槽和地面低压后部导致,南部大风是西北气流导致
	低层暖脊和地面晴空处,有利于动量下传;辐射条件较好,增加湍流性	
		无空间差异,大风产生原因为气压梯度大,高空风有动量下传
持续时间短:主要为阵性大风。日变化明显:主要出现在中午至傍晚前后。其他天气:黑龙江省大部分地区出现降水,雨量以小到中雨为主	3 h 负变压较大。高空风动量下传	
持续时间短:其中西北部以阵性大风为主。日变化明显:主要出现在中午至傍晚。其他天气:西北和中部地区出现一些阵性降水天气	高空风叠加不稳定,有动量下传,冷、暖气流汇合增强斜压不稳定,西北部距离低压中心较近,中部 3 h 变压较大,有明显变压风	与 4 月 25 日是同一个系统
范围集中:主要在黑龙江省东部。强度大:阵风可超 8 级。日变化明显:中午至傍晚	距离低压中心较近	与 4 月 22 日为同一个系统
影响范围和强度大:东北大部分区域受到影响,阵风超过 8 级。日变化明显:中午至傍晚最强。个别地区持续时间较长。局部地区伴有扬沙。东部地区出现降水	受太阳辐射影响,大风出现日变化,白天沿冷锋附近气压梯度大值区出现大风。受地形影响,西部多平原,东部多山区	28 日白天南部个别站出现 8 级以上大风

编号	时间（日时—日时）	天气特点				主要影响系统		类型
		主要影响区域	发生站数	最大风速（m/s）	出现站点	高空	地面	
DF20170502	0208—0308	东北地区中西部	12	19	逊克	高空浅槽、低空低涡	蒙古气旋	低压大风
	0308—0408	内蒙古东北部、黑龙江省西部和南部、吉林省西部	48	24	嫩江拜泉明水	高空槽、低空低涡	蒙古气旋	低压大风
	0408—0508	东北地区中西部	43	22	五大连池依安	高空槽、低空低涡	蒙古气旋、冷锋	低压大风
DF20170505	0508—0608	东北地区中西部	39	24	通河	高空冷涡	东北低压、冷锋	低压大风
DF20170506	0608—0708	东北地区	48	27	牡丹江	高空冷涡	东北低压	低压大风
	0708—0808	除黑龙江省西北部外黑龙江、吉林省大部分地区	28	22	勃利	高空冷涡	东北低压	低压大风
DF20170509	0908—1008	东北地区西部	16	20	逊克	高空槽、低空急流、低空低涡	气旋前部	低压大风
DF20170528	2808—2908	黑龙江省西部、内蒙古东北部、吉林省西北部	27	26	呼玛	高空槽、低空低涡、	东北低压、冷锋	低压大风
	2908—3008	黑龙江西部、中南部和东北部、吉林省、辽宁省	38	24	庆安	高空冷涡	东北低压	低压大风
	3008—3108	黑龙江省东部	11	22	哈尔滨	高空冷涡	东北低压	低压大风

天气现象特点	空间出现差异原因	备注
影响范围大:东北地区中西部几乎都产生8级大风;日变化明显:中午至傍晚为主要时段。黑龙江西部、南部和吉林西部伴有扬沙,部分地区能见度不足1 km。北部地区出现连续强降温,辽宁伴有降水	低压中心偏西,梯度大值区位于东北地区中西部,高空西南风非常大,产生动量下传。受北部高压脊影响,冷空气进入西部地区并加强,产生降温,南部浅槽迅速滑过带来降水	3—5日为沙尘天气
影响范围大:东北地区的中西部几乎都产生8级大风天气;日变化明显:中午至傍晚为主要时段。黑龙江东南部出现扬沙,个别地区能见度不足1 km。扬沙过后产生降水。降水持续时间较长,强度较弱;北部地区产生强降温	东北低压加强,低压中心位于西部,中西部高空风速较大	沙尘天气
黑龙江西部和南部多站发生大风天气。日变化明显:中午至傍晚为主要时段。东北部的局部地区产生雨夹雪	随高空冷涡和地面低压中心北移至黑龙江北部,低压南部和后部都产生大风天气,靠近低压中心伴有降水,距低压中心较远处有沙尘	
黑龙江西部、吉林西部、辽宁西部几乎都产生了大风天气,局部阵风可达8级	低压中心位于黑龙江省以西以北,西部受低压附近较大气压梯度影响。大风位于平原地带	
黑龙江中西部、南部、东北部产生了大风天气,西部阵风普遍可达8级。28日北部伴有小雨量级降水,西北部的局部地区产生中到大雨	低压中心在黑龙江省以西以北,黑龙江省低压中心南部都受较大气压梯度影响,大风区产生在比较平坦地区。28日北部低层为湿区,西北部有低层辐合抬升,产生降水,其他地区存在弱辐合	

编号	时间 （日时— 日时）	天气特点				主要影响系统		类型
		主要影响 区域	发生 站数	最大 风速 （m/s）	出现 站点	高空	地面	
DF20170606	0608—0708	黑龙江省西部	13	23	塔河	高空槽、 低空急流	河套低压 北上与贝湖 东部低压 合并	低压大风
DF20170608	0808—0908	黑龙江省东部	16	20	拜泉 东宁 绥芬河	高空槽、 低涡	河套低压 北上与贝 湖东部低 压合并	低压大风
DF20171001	0108—0208	黑龙江省 中东部	57	31	宝清	高空槽、低空 急流、低空 低涡	蒙古气旋	低压大风
DF20171127	2708—2808	黑龙江省 西南部	12	20	肇东 宾县 双城	高空槽、 低空急流	河套低压 北上并东移	低压大风
	2808—2908	黑龙江省 东南部	11	23	鸡西			
	2908—3008	黑龙江省 东南部	12	23	鸡西			

天气现象特点	空间出现差异原因	备注
分布较零散:西部个别地区出现大风,局部风力超过 8 级;日变化明显:中午至傍晚。中西部都产生少量降水	西北部靠近低压中心,等温线密集,斜压性强。西南部处于平原地带,高空风较大,有动量下传,多阵性大风	
分布较零散:东部个别地区出现大风,局部风力超过 8 级;日变化明显:中午至傍晚。中西部都产生少量降水	气压梯度较大	
影响范围广:黑龙江大部分区域出现了大风天气,但以中东部为主;日变化明显:中午至傍晚;风力较强:阵风风力达到 11 级。大部分地区产生少量降水	靠近低压中心,气压梯度大,等温线密集,斜压性强。高空风较大,有动量下传,多阵性大风	
影响范围小:在黑龙江南部出现了大风天气;日变化明显:主要出现在白天		
影响范围大:在黑龙江东部出现了大风天气,并出现在 28 日夜间至 29 日白天。28 日白天南部出现雾、霾天气,夜间开始黑龙江省大部分地区北部出现明显降水和剧烈降温	低压南部,低层大风有动量下传	寒潮

编号	时间 （日时— 日时）	天气特点				主要影响 系统	类型
		主要影响 区域	大雾 站数	最低能见度 （km）	极值站		
DW20120515	1505	大兴安岭	5	0.2	漠河	低压北部	辐射雾
DW20120516	1605	大兴安岭、 黑河西部、 伊春南部	10	0.1	孙吴	两低压之间的 均压场	辐射雾
DW20120602	0205	大兴安岭北部	4	0.3	漠河 新林	两低压之间 的均压场	辐射雾
DW20120613	1305	大兴安岭北部、 绥芬河	4	0.2	漠河	均压场	辐射雾
DW20120614	1405	大兴安岭、 黑河北部、 绥芬河	6	0.3	加格达奇 新林	弱高压内部	辐射雾
DW20120615	1505	大兴安岭、 绥芬河	4	0.1	绥芬河	均压场	辐射雾
DW20120616	1605	大兴安岭、 绥芬河	5	0.1	绥芬河	低压外围	辐射雾
DW20120617	1705	大兴安岭北部、 绥芬河	5	0.1	绥芬河	高压内部	辐射雾

过程分析

天气现象特点	空间出现差异原因	备注
该区域雾 02 时开始形成,05 时最强,08 时全部消散。前一天白天有小雨,入夜后云量减少。05 时地面风速小,接近静风	850 hPa 为弱的暖平流,该地位于地面低压北部,气压梯度非常小,近似均压。前一天的降水使近地层相对湿度较大	
该区域雾 05 时被观测到,08 时前基本消散。大兴安岭地区 23 时前仍在降水,02 时降水停止,云量减少,黑河西部、伊春南部降水在 17 时停止,入夜后云量为 0。02—05 时地面风力为 0~1 级	16 日 08 时该区域位于 850 hPa 低涡北部,大兴安岭地区有弱的反气旋环流。该区域位于两低压之间的均压场内,气压梯度小。前一天的降水使近地层相对湿度较大	
该区域雾 02 时被观测到,05 时达到最强,08 时前完全消散。该地区前一天下午有雷阵雨,20 时降水停止,同时云量逐渐减少。02—05 时地面静风	该区域位于两低压之间的均压场内,气压梯度小。前一天的降水使近地层相对湿度较大	
局地性强,只在大兴安岭北部山区和绥芬河局地出现大雾。持续间短,只在 05 时观测到大雾,08 时消散	前期降水有利于地面增湿,风力较小有利水汽积聚	
大兴安岭 02 时开始出现局地大雾,05 时出现区域性大雾,08 时基本消散	该区域处于高压中心附近,气压梯度较小。13 日白天该地区有弱降水。23 时后云量减少,大雾发生时风力在 2 级以下	
局地性强,只在大兴安岭南部和绥芬河局地出现大雾。能见度低,绥芬河局地能见度只有 0.1 km	前期降水有利于地面增湿,风力较小有利水汽积聚	
绥芬河在 15 日 23 时观测到能见度 0.1 km 的大雾,之后能见度逐渐转好,大兴安岭在 05 时开始出现区域性大雾,08 时两地大雾基本消散	大兴安岭白天有弱降水,20 时大兴安岭降水停止后云量逐渐减少,大兴安岭处于低压外围的均压场中,地面气压梯度较小,发生大雾时近于静风。绥芬河大雾发生时风力在 2 级以下,周围无暖湿平流,该站连续数日相对湿度呈现明显的夜高昼低的日变化,总云量在 9 成以上	绥芬河连续 4 d 夜间局地出现浓雾
持续间长,能见度低,绥芬河 16 日 23 时—17 日 05 时能见度持续为 0.1 km。局地性强,只在大兴安岭北部和绥芬河局地出现大雾	前期降水有利于地面增湿,风力较小有利水汽积聚	

编号	时间（日时—日时）	天气特点				主要影响系统	类型
		主要影响区域	大雾站数	最低能见度（km）	极值站		
DW20120618	1805	大兴安岭（区域性），伊春本站、哈尔滨东部、绥芬河	6	0.2	绥芬河	均压场	辐射雾
DW20120619	1905	海伦、伊春本站、哈尔滨东部（区域性）、绥芬河	7	0.3	依兰	均压场	辐射雾
DW20120701	0105	大兴安岭	3	0.3	新林加格达奇	低压内部、两低压中心间均压场	辐射雾
DW20120704	0405	大兴安岭、绥芬河	6	0.1	绥芬河	弱高压内部	辐射雾
DW20120705	0505	大兴安岭、伊春本站、绥芬河	5	0.3	新林加格达奇	均压场	辐射雾
DW20120706	0605	大兴安岭地区、伊春本站、通河、绥芬河	8	0.1	绥芬河	弱高压	辐射雾

天气现象特点	空间出现差异原因	备注
17日17时前黑龙江省大部有小雨。18日02时大兴安岭局地、伊春本站和绥芬河观测到大雾,05时大兴安岭出现区域性大雾,伊春本站和绥芬河能见度降低,02—05时哈东地区出现短时局地大雾,08时绥芬河大雾减弱,其他地区无大雾	前期黑龙江省有弱降水,18日凌晨黑龙江省地面受均压场控制,地面气压梯度极弱	
18日20时前黑龙江省南部出现对流性降水,局地雨量达中雨。19日02时伊春南部出现大雾,05时伊春大雾有所加强,依兰—尚志一线出现区域性大雾,绥芬河、海伦出现局地大雾,08时只有通河仍观测到大雾,其他地区全部消散	前期黑龙江省有弱降水,18—19日黑龙江省地面受均压场控制,地面气压梯度极弱	18日11时缺地面观测
大兴安岭地区6月30日20时前有小雨量级降水,23时后云量逐渐降低。7月1日02时新林局地出现大雾,05时发展成区域性,08时减弱消散。期间风力在2级以下	前期大兴安岭有弱降水,大兴安岭地区处于低压内部,两低压中心间的均压场,地面气压梯度低	
影响范围较大,大兴安岭有区域性大雾。绥芬河大雾能见度较低,维持时间长	前期有弱降水,弱高压内部气压梯度小,风力弱	
4日20时前黑龙江省有分散性小雨,入夜后云量逐渐减少。5日05时在大兴安岭出现区域性大雾,在伊春本站、绥芬河出现局地大雾,08时各地大雾基本消散。大雾发生时各站风力在2级以下	前期黑龙江省有分散性降水,黑龙江省受均压场控制,气压梯度弱。伊春5日08时探空低层有逆温	
6日20时前黑龙江省有分散性阵雨,入夜后云量逐渐减少。6日02时在大兴安岭、绥芬河出现局地大雾,05时大兴安岭出现区域性大雾,绥芬河能见度下降至0.1 km,伊春本站、通河出现局地大雾,08时各地大雾完全消散	前期黑龙江省有分散性降水,黑龙江省受弱高压场控制,气压梯度弱。伊春08时探空低层有逆温	

编号	时间 （日时— 日时）	天气特点				主要影响 系统	类型
		主要影响 区域	大雾 站数	最低能见度 （km）	极值站		
DW20120708	0805	大兴安岭北部	4	0.2	新林	均压场	辐射雾
DW20120710	1005	大兴安岭	4	0.4	新林	低压东部	辐射雾
DW20120712	1205	大兴安岭	5	0.1	漠河	低压之间 均压场	辐射雾
DW20120713	1305	大兴安岭北部	4	0.3	新林	均压场	辐射雾
DW20120714	1405	大兴安岭、黑河、 伊春、绥芬河	6	0.1	绥芬河	均压场	辐射雾
DW20120716	1605—1608	大兴安岭	5	0.2	新林	均压场	辐射雾
DW20120720	2005	大兴安岭、黑河	5	0.1	孙吴	高低压过 渡带	辐射雾
DW20120726	2605	大兴安岭、黑河	4	0.1	漠河 北极村	低压北部	辐射雾
DW20120727	2705	大兴安岭北部	3	0.2	新林	低压西部	辐射雾

天气现象特点	空间出现差异原因	备注
7 日白天大兴安岭北部有阵雨,新林局地有中雨,入夜后大兴安岭北部云量降至 7 成以下。8 日 02 时漠河出现局地大雾,05 时在该区域出现区域性大雾,新林局地能见度为 0.2 km,08 时完全消散。期间风力在 2 级以下	前期该地区有弱降水,黑龙江省受均压场控制,地面气压梯度弱	
9 日 20 时前大兴安岭地区有小雨量级降水,之后局地云量降低到 5 成以下。02 时新林出现局地大雾,05 时塔河—加格达奇一线出现区域性大雾,08 时减弱,只有新林局部有大雾。期间风力在 2 级以下	前期大兴安岭地区有弱降水,处于低压外围,等压线较稀疏	
10—11 日白天大兴安岭局部有微量降水,云量基本在 5 成以下。12 日 02 时新林出现局地大雾,05 时除呼中外,大兴安岭地区其他站均观测到大雾,漠河能见度为 0.1 km,08 时后基本消散。期间风力在 2 级以下	前期大兴安岭地区有弱降水。地面低压主体在山东、辽宁,大兴安岭处于该低压外围与另一低压的过渡带,气压梯度小	
持续时间短,仅在 05 时观测到区域性大雾	前期大兴安岭地区有弱降水,受均压场控制,气压梯度小	
持续时间短,除伊春 02—05 时观测到大雾外,其他地区仅在 05 时有大雾观测记录	前期有降水,地面气压梯度较小	
15 日白天大兴安岭地区有对流性降水,量级为小雨。入夜后云量基本在 5 成以下。02 时在大兴安岭北部出现区域性大雾,05 时雾区范围变大,能见度降低,新林局地 0.2 km,08 时大雾基本消散。期间风力在 2 级以下	前期大兴安岭有弱降水。黑龙江省夜间受地面均压场控制,地面气压梯度小	
局地能见度低,孙吴 02—05 时能见度均为 0.1 km	前期有降水,地面气压梯度较小	
大雾在降水开始前被观测到,局地能见度低,北极村、漠河能见度只有 0.1 km	降水开始前地面湿度较大,等压线较稀疏,地面风速小	
影响范围较小,仅在大兴安岭北部	前期有降水,地面风速较小	

编号	时间 （日时— 日时）	天气特点				主要影响 系统	类型
		主要影响 区域	大雾 站数	最低能见度 （km）	极值站		
DW20120728	2808	大兴安岭	4	0.3	新林	弱高压南部	辐射雾、平流雾
DW20120729	2905	大兴安岭北部	4	0.2	漠河	低压外围	辐射雾、平流雾
DW20120731	3105	大兴安岭北部	4	0.3	新林	高低压过 渡带	辐射雾
DW20120801	0105—0108	大兴安岭、 绥芬河	7	0.1	绥芬河	弱高压	辐射雾
DW20120802	0205—0208	大兴安岭	6	0.3	加格达奇 新林	弱高压	辐射雾
DW20120803	0305	大兴安岭、 绥芬河	4	0.1	绥芬河	高低压过 渡带	辐射雾
DW20120819	1905	大兴安岭、绥芬河	7	0.1	绥芬河	低压后部、 均压场	辐射雾
DW20120823	2305	大兴安岭北部	3	0.3	呼玛	高低压过 渡带	辐射雾
DW20120824	2405	大兴安岭、 绥芬河	6	0.1	绥芬河		

天气现象特点	空间出现差异原因	备注
27日20时前大兴安岭地区有小雨,之后云量减少。28日20时在大兴安岭北部出现大雾,05时范围扩大,08时出现区域性大雾,之后消散,23时在该区域内又出现大雾,之后逐渐加强,29日05时达到最强,08时减弱	该地区高空处于反气旋环流控制下。27日白天的降水给近地层提供了水汽。地面场由前期的高压南部变为低压外围,但大兴安岭地区地面气压梯度持续较小	
大兴安岭北部前期有降水,7月30日—8月3日每日夜间至次日凌晨出现大雾,一般23时或02时出现,05时范围达到最大,08时后逐渐消散。绥芬河7月31日、8月2日白天有降水,8月1日、3日凌晨出现了大雾,期间能见度最低,为0.1 km	整个过程大兴安岭高空受反气旋环流控制。期间大兴安岭地区处于弱高压控制,地面气压梯度较小。每天天气形势相似,大雾反复在该地区发生。绥芬河大雾发生在降水停止后的凌晨,该地区期间受低压系统影响发生降水,故大雾没有反复发生	
前期黑龙江省有小到中雨量级的降水。18日14时大兴安岭地区降水基本停止,05时出现区域性大雾,能见度0.8 km左右,08时基本消散。18日23时绥芬河出现局地大雾,02时能见度达到最低,05时减弱,08时基本消散	18日23时地面低压北移出黑龙江省,大兴安岭处于高低压过渡带,地面气压梯度较小。低空切变在18日夜间逐渐从东北南部北抬东移,在19日影响黑龙江省南部,故绥芬河在大雾后出现降水	
22日白天、23日白天在大兴安岭地区分别有小雨,22日23时开始出现局地大雾,后逐渐加强,05时范围达到最大,08时基本消散,23日02时—24日02时大兴安岭地区再次出现大雾,05时全区出现区域性大雾,08时减弱	850 hPa上22日20时—24日20时大兴安岭地区受弱高压脊后西南气流控制。地面低压中心维持在蒙古国东部,其前部影响黑龙江省,黑龙江省南部地区气压梯度较大,但西北部地区较小	

267

编号	时间（日时—日时）	天气特点				主要影响系统	类型
		主要影响区域	大雾站数	最低能见度（km）	极值站		
DW20120925	2508	伊春、牡丹江	7	0.1	绥芬河	弱高压	辐射雾
DW20120927	2705—2708	哈尔滨东部、伊春南部、佳木斯、七台河、牡丹江	16	0.1	七台河勃利绥芬河	鞍型场	辐射雾
DW20121001	0108	牡丹江	4	0.2	绥芬河	地面均压场	辐射雾
DW20121025	2505—2511、2520	辽宁北部、吉林西部、绥化南部、哈尔滨	18	0.1	五常	高压后部	辐射雾
DW20121109	0905—0911、0923—1011	黑龙江省西南部、牡丹江南部	23	0.1	北安通河依兰	高空脊、地面均压场	辐射雾

天气现象特点	空间出现差异原因	备注
24 日 08 时前中东部地区有阵雨。25 日凌晨观测基本为晴,05 时在绥芬河出现 0.1 km 能见度的大雾,伊春本站有 0.3 km 的大雾,08 时在牡丹江北部出现区域性大雾,绥芬河大雾基本消散,伊春本站和乌伊岭有观测到局地大雾	黑龙江省中东部受弱高压控制,地面气压梯度小。伊春 25 日 08 时探空 850 hPa 以下有两个逆温层。三江平原、黑龙江省西南部地面温度高于雾区,但是并没有向雾区明显的暖平流,故不考虑平流雾	
26 日 14 时东部地区仍有观测到降水,17 时基本没有降水。绥芬河在 17 时出现 0.1 km 能见度的大雾,27 日 05 时的能见度持续为 0.1 km,08 时大雾消散。26 日夜间三江平原西部、伊春本站、哈尔滨东部、七台河、鸡西西部、牡丹江先后出现大雾	26 日 20 时高空观测黑龙江省东部已处于高压脊后,27 日 08 时哈尔滨探空图上低层有明显逆温层。25 日白天至 26 日白天给黑龙江省带来降水的低压系统在 26 日白天北收,26 日 20 时—27 日 08 时黑龙江省东部处于南北低压、东西高压的鞍型场内,气压梯度小	绥芬河 3 次大雾观测中间有 2 次小雨,能见度维持在 0.1 km
大雾发生区域在 9 月 29 日 08 时—30 日 08 时有大雨以上降水。10 月 1 日 05 时在绥芬河局地出现大雾,08 时牡丹江东部、北部出现区域性大雾,之后消散。1 日 05—08 时该地区有 3 级偏西风。该地区夜间总云量较小	地面上为均压场控制牡丹江,发生大雾地区周围无暖湿平流。夜间云量小,有利于辐射降温	
前期哈尔滨地区有小雨,25 日 02—05 时在绥化南部、哈尔滨南部出现大雾,08 时大雾区域达到最大,局地能见度 0.1 km。11 时只有哈尔滨局地有大雾,14 时基本消散,20 时在哈尔滨西部再次出现区域性大雾,能见度局地 0.2 km,之后消散	地面受弱低压后部的均压场控制,气压梯度小。齐齐哈尔 08 时探空近地层有较强逆温,哈尔滨 25 日 08 时、20 时均有较强逆温,且 08 时低层相对湿度在 80% 以上,阻挡太阳辐射,使雾在白天消散得较慢。入夜后由于辐射逆温,故在局地再次出现大雾	
8 日 20 时—9 日 08 时,齐齐哈尔北部、伊春南部、哈尔滨北部、绥化北部大雾站点逐渐增多,11 时后能见度转好,20 时后再次降低,至 10 日 08 时齐北、绥北、哈尔滨大部、牡丹江南部出现区域性大雾,之后大雾范围缩小	黑龙江省南部过程期间 850～500 hPa 均为高空脊,呈反气旋环流。8 日 20 时—10 日 08 时哈尔滨、齐齐哈尔、嫩江每次探空均显示近地层有辐射逆温,逆温在 10 日 08 时达到最强,伊春在 9 日 08 时探空近地层也出现了逆温。地面前期影响黑龙江省南部的为低压后部的均压场,后期为弱高压内部,气压梯度持续维持在很小的水平。绥化北部、齐齐哈尔北部的云量大导致大雾在白天消散缓慢	

编号	时间（日时—日时）	天气特点				主要影响系统	类型
		主要影响区域	大雾站数	最低能见度（km）	极值站		
DW20130304	0408	齐齐哈尔、绥化	8	0.2	依安拜泉	暖脊	辐射雾
DW20130424	2402—2414	黑河、齐齐哈尔北部	4	0.3	呼玛	地面低压顶部、低涡前部偏南风、暖脊	平流雾
DW20130425	2502—2508	大兴安岭、佳木斯、双鸭山、牡丹江	7	0.8	呼中	西部地区为弱暖脊、东部地区为地面低压后部和冷涡后部	西部辐射雾东部平流雾
DW20130510	1005	大兴安岭北部	6	0.3	呼玛	低涡前部暖脊、地面低压中心	辐射雾
DW20130514	1405—1408	大兴安岭北部	2	0.2	北极村	低涡顶部偏东风、地面低压顶部偏东风	辐射雾
DW20130516	1605	黑龙江省西北部、东南部	11	0.6	牡丹江	高压脊、偏北风暖平流、地面低压顶部	辐射雾
DW20130522	2205—2208	大兴安岭北部	3	0.2	北极村	高压暖脊、地面低压后部	辐射雾
DW20130603	0308	大兴安岭	3	20	塔河呼玛新林	北部地区为冷槽底部、南部地区为暖脊顶部	辐射雾

天气现象特点	空间出现差异原因	备注
局地、范围小、山区	低层逆温明显,天空晴朗,出现在山脚附近的观测站,周围其他站能见度都在 5 km 以上。高空有弱的暖平流影响,地面在高压前部、低压底部,气压梯度小,风速为 2 m/s 左右	
日变化,范围小、伴随降水	出现大雾区域无逆温天气,低涡前部弱暖平流影响,地面为低压中心附近的顶部,有降水天气产生	大雾站周围有降水天气
日变化,伴随降水	西部地区夜间天空晴朗,有逆温条件;东部地区为低涡带来的降水地区,低涡中心后部,低空为偏北风	东部大雾站周围有降水天气
日变化,局地、范围小、山区	9 日夜间,天空云量 4～6 成,但出现大雾的 3 个站温度明显比周围站点低,温度露点差接近为 0,风速较小,在 2 m/s 以下。暖脊夜间移入,代替上空冷槽,逆温不明显	
日变化,局地、范围小、山区	14 日 02—05 时大兴安岭北部地区,地面到 850 hPa 有短暂的 4℃左右的逆温,同时温度较周围站点低 3℃左右。风速 2 m/s 左右	
日变化,局地、范围小、山区	高空由冷槽转为暖脊,有弱升温配合地面高压顶部均压场,风速 0～2 m/s,天空晴朗无云。无逆温。山区附近	
日变化,局地、范围小、山区	天空晴朗、暖脊进入后,地面到 850 hPa 有逆温 4～5℃。地面偏北风,气压梯度小,风速 2 m/s 左右	
日变化,局地、范围小、山区	低空温度场为自南向北的梯度	

编号	时间（日时—日时）	天气特点				主要影响系统	类型
		主要影响区域	大雾站数	最低能见度（km）	极值站		
DW20130606	0605—0614	伊春、黑龙江省东南部地区	8	0.3	伊春	地面为高压中心、高空风速很小、冷中心后部	辐射雾
DW20130611	1105	大兴安岭	5	0.3	加格达奇	冷涡减弱移出、偏北风暖平流进入、地面高压	辐射雾
DW20130614	1405	黑龙江省西北部	7	0.3	漠河	高空为庞大的低压均压场，风速4～8 m/s,暖脊,地面鞍型场	辐射雾
DW20130615	1505	黑龙江省西北部	7	0.2	漠河	高空为庞大的低压均压场，风速4～9 m/s,地面弱低压均压场，温度场为弱鞍型场，有暖舌侵入大兴安岭	辐射雾
DW20130616	1605	黑龙江西北部	7	0.5	新林	内蒙古东部到黑龙江为温度鞍型场，大兴安岭地区受鞍型场北部暖舌影响，偏北风暖平流，地面为高压后部	辐射雾

天气现象特点	空间出现差异原因	备注
日变化,局地、范围小、山区	在 08 时前后有较弱的逆温,中东部地区天空一直晴朗,地面以及低空风力都很弱,没有明显影响系统,判定为辐射雾	
日变化,局地、范围小、山区	天空晴朗,地面到 850 hPa 弱逆温,夜间地面降温明显,为 5～6℃,850 hPa 上受 8℃等温线控制。地面高压顶部均压场,风速 2 m/s 左右。能见度较周围站有明显差异	
日变化,局地、范围小、山区	天空晴朗,夜间暖脊移入,地面到 850 hPa 有 5℃左右逆温,地面风速在 2 m/s 左右。能见度较周围站有明显差异	
日变化,局地、范围小、山区	天空晴朗,地面到 850 hPa 有 0～2℃弱逆温,地面风速在 2 m/s 左右。能见度较周围站有明显差异	
日变化,局地、范围小、山区	天空晴朗,地面到 850 hPa 有 4～6℃逆温,地面风速在 2 m/s 左右。能见度较周围站有明显差异	

编号	时间 （日时— 日时）	天气特点				主要影响 系统	类型
		主要影响 区域	大雾 站数	最低能见度 （km）	极值站		
DW20130619	1902—1908	大兴安岭、黑河、 伊春、哈尔滨、 七台河、鸡西、 牡丹江	11	0.3	伊春	黑龙江省位于 地面低压后部 的均压场中， 低空为低涡 后部，冷平流	平流雾
DW20130626	2608	伊春、牡丹江	4	0.9	绥芬河	暖中心、地面 均压场	辐射雾
DW20130629	2902—2908	大兴安岭	3	0.2	漠河	鞍型温度场	辐射雾
DW20130630	3005	大兴安岭南部	4	0.6	加格达奇	弱高压脊、 地面均压场	辐射雾
DW20130701	0105	大兴安岭北部	5	0.5	北极村	冷涡顶部偏 东气流、黑 龙江省北部 有暖中心、低 压顶部均压场	辐射雾
DW20130711	1105	大兴安岭北部	3	0.2	北极村	暖脊、地面 高压	辐射雾
DW20130726	2605	大兴安岭、 黑河	7	0.2	北极村	暖脊、地面 高压	辐射雾
DW20130730	3005—3008	大兴安岭北部 以及佳木斯、 七台河、牡丹 江的个别站	8	0.4	新林	冷槽、弱低压	平流雾
DW20130801	0102—0105	黑龙江省 西北部和东部	16	0.2	呼玛	冷槽、偏南风 暖湿气流	平流雾

天气现象特点	空间出现差异原因	备注
日变化,山区	出现大雾天气的区域为一条从西北向东南的带状区域,18 日夜间低涡后部偏北气流引导冷空气自北向南影响黑龙江省,带来降水天气。大雾地区天空状况为多云	大雾地区有降水天气
日变化,局地、范围小、山区	17℃的暖中心位于伊春上空,地面为低压顶前部,偏东风 2～4 m/s。绥芬河上空为晴空,与 850 hPa 有 1℃ 的逆温;伊春 05—08 时有弱逆温,天空少云	
日变化,局地、范围小、山区	28 日夜间大兴安岭上空位于温度场的鞍型场中,低空逆温不明显,为 0～1℃,风速 2～4 m/s,偏东风,天空晴朗	
日变化,局地、范围小、山区	天空晴朗,地面到 850 hPa 有 1～3℃逆温,地面风速 0～2 m/s。能见度较周围站有明显差异	
日变化,局地、范围小、山区	天空有少量云,地面到 850 hPa 有 3～5℃逆温,能见度较周围站有明显差异	
日变化,局地、范围小、山区	天空有少量云,地面到 850 hPa 有 4～6℃逆温,地面风速 0～2 m/s。能见度较周围站有明显差异	
日变化,局地、范围小、山区	天空有少量云,弱逆温,为 1～2℃,能见度较周围站有明显差异	
日变化,局地、范围小、山区	天空 8 成云,无逆温。大兴安岭及上游,地面温度露点差为 0,从地面温度看,地面上有弱暖平流向大兴安岭北部输送	
日变化,局地、范围小、山区	7月31日夜间,暖脊自黑龙江省西部向东移,冷槽进入大兴安岭。大兴安岭地区南部持续受偏南暖湿气流影响,02 时前后,呼玛有弱降水,天空云量 8 成,无逆温。降水后温度下降	

编号	时间 （日时— 日时）	天气特点				主要影响 系统	类型
		主要影响 区域	大雾 站数	最低能见度 （km）	极值站		
DW20130804	0402—0408	大兴安岭、绥芬河	5	0.7	呼中	低涡中心前部、地面低压中心前部、冷槽前部	锋面雾
DW20130805	0502—0508	大兴安岭	6	0.4	新林	地面到高空为庞大的低压区，冷槽	锋面雾
DW20130807	0705	黑龙江省西北部和东部个别市县	11	0.1	呼玛	地面低压顶前部，低涡顶前部，偏南风暖平流	平流雾
DW20130812	1202—1208	大兴安岭、黑龙江省中东部	8	3	五营	西部地区受暖脊影响、低涡前部、低空西南风，东部地区为暖脊前部、西北风	辐射雾
DW20130820	2005—2008	大兴安岭、伊春、哈尔滨个别站点	7	0.7	北极村 呼中	高空弱冷槽进入、地面高压	辐射雾
DW20130821	2105—2108	黑龙江西北部和东南部个别站点	12	0.3	新林	高空暖舌进入、地面高压顶部	辐射雾
DW20130822	2205	大兴安岭	6	0.2	呼玛	冷涡顶部、弱偏东风冷平流、地面低压倒槽	辐射雾
DW20130823	2305	黑龙江西北部	5	0.3	北极村	高空低涡后部、暖中心、地面高低压过渡带	辐射雾

天气现象特点	空间出现差异原因	备注
日变化,局地、范围小、山区	前期,大兴安岭地区受 850 hPa 暖脊影响,在暖空气的影响下黑龙江省大部已经有降水天气,地面为偏南风,3 日入夜后,冷涡中心向东移动,冷空气侵入黑龙江省北部,温度下降,降水的同时,山区个别站点有大雾天气	大雾区域有降水天气
日变化,局地、范围小、山区	4 日入夜后,上空有弱冷空气进入大兴安岭地区,有 2～3℃降温,大雾发生,地面有锋面,有 1～2℃降温。天空有 5～8 成云,无逆温	
日变化,局地、范围小、山区	850 hPa 弱冷槽划过后暖脊进入,弱升温,有 8 成云,地面弱降温,高空与地面温差 0～1℃,逆温不明显。地面气压梯度小,风速小,为 0～2 m/s	
日变化,局地、范围小、山区	天空多云,地面风速 2～4 m/s,无逆温。水汽接近饱和,温度露点差 1℃左右	大雾站点附近有降水
日变化,局地、范围小、山区	天空晴朗,逆温明显,为 5～6℃	
局地、范围小、山区	天空晴朗,逆温 2～4℃。地面风速 0～2 m/s,水汽近饱和,能见度较周围站点差异明显	
局地、范围小、山区	天空晴朗,1～2℃弱逆温。地面风速 0～2 m/s,水汽近饱和,能见度较周围站点差异明显	冷涡影响下,黑龙江省除大兴安岭、黑河地区外有降水
局地、范围小、山区	天空晴朗,逆温明显,为 5～6℃。地面风速 0～2 m/s,水汽近饱和,能见度较周围站点差异明显	

编号	时间（日时—日时）	天气特点				主要影响系统	类型
		主要影响区域	大雾站数	最低能见度（km）	极值站		
DW20130824	2402—2408	大兴安岭、伊春、双鸭山、哈尔滨北部	8	0.6	北极村	地面均压场、暖脊	辐射雾
DW20130825	2502—2508	黑龙江中东部	8	0.3	伊春汤原	冷槽、地面均压场	辐射雾
DW20130827	2705	大兴安岭北部	13	0.8	漠河呼中	高空均压场、冷槽底部、地面高压前	辐射雾
DW20130828	2805	大兴安岭北部、牡丹江	8	0.3	北极村	高空均压场、高空冷中心底部有冷平流、地面高压前部	辐射雾
DW20130829	2905	黑龙江西北部	7	0.2	漠河	偏东北风冷平流、高空高低压过渡带、地面高低压过渡带	辐射雾
DW20130831	3105—3108	黑龙江西北部和中东部	10	0.3	绥芬河	冷涡中心，位于黑龙江省中部地区	辐射雾
DW20130901	0102—0108	黑龙江西北部和中东部	12	0.2	伊春	冷槽位于黑龙江省中部地区，西部地区冷平流、东部地区暖平流	辐射雾
DW20130902	0205	黑龙江省西北部和东部	17	0.3	新林	暖脊、地面高压脊	辐射雾

天气现象特点	空间出现差异原因	备注
日变化,局地、范围小、山区	东部和西部地区受两个系统影响,暖脊位于黑龙江省中部,西部地区冷槽刚刚进入黑龙江省,东部地区位于冷槽后部,两个地区在大雾间段内都有降水	大雾站点附近有降水天气
日变化,局地、范围小、山区	天空少云,风速 2 m/s 左右,无逆温	大雾站点附近有降水天气
局地、范围小、山区	天空 1~2 成云,1~2℃弱逆温。地面风速小,为 0~2 m/s,水汽饱和,能见度较周围站点差异明显	大雾发生前后部分站点有降水
局地、范围小、山区	天空晴朗,逆温明显,为 5~6℃。地面风速小,为 0~2 m/s,水汽饱和,能见度较周围站点差异明显	
局地、范围小、山区	0~2 成云,5℃逆温。地面风速小,为 0~2 m/s,水汽饱和,能见度较周围站点差异明显	
日变化,局地、山区	大雾地区上空有 1℃左右的逆温,东南部地区低空有弱的风速辐合	全省大部有降水
日变化,大范围	西部地区天空晴朗,有 4℃左右逆温,东部地区有降水	东部大雾区有降水天气
局地、范围小、山区	天空晴朗,4~6℃逆温。高空暖脊 1 日夜间进入,速度较快,升温明显。地面风速小,为 0~2 m/s,水汽饱和,能见度较周围站点差异明显	

编号	时间（日时—日时）	天气特点				主要影响系统	类型
		主要影响区域	大雾站数	最低能见度（km）	极值站		
DW20130903	0302—0314	大兴安岭、黑龙江省中东部	20	0.1	绥芬河	西部暖脊、东部冷槽、地面均压场	辐射雾
DW20130904	0405	黑龙江省西北部和东部	19	0.3	加格达奇	暖脊、弱冷平流、地面高压	辐射雾
DW20130905	0505—0508	大兴安岭北部、黑龙江省东部个别站点	8	0.2	呼玛	地面高压均压场、高空高压脊、弱冷平流	辐射雾
DW20130906	0605—0608	大兴安岭	15	0.2	北极村	高压脊、冷暖空气活动不明显、地面高压顶后部（均压场）	辐射雾
DW20130907	0705	大兴安岭	3	0.3	加格达奇	高空地面均压场、高空温度变化不大	辐射雾
DW20130908	0805—0814	黑龙江省大部	28	0.2	伊春	地面为高压顶部均压场、西部地区暖脊、东部地区为冷槽后部	辐射雾

天气现象特点	空间出现差异原因	备注
日变化,大范围	黑龙江省西部地区有暖脊移入,中东部地区受冷槽控制,08 时前,全省有较弱的逆温,为 1～2℃,西北部地区天空晴朗,中东部地区受冷槽控制,有降水	中东部地区有降水天气
局地、范围小、山区	天空晴朗,3～5℃逆温,虽然有弱冷平流影响,但降温幅度不是很大。地面风速 0～2 m/s,水汽饱和,能见度较周围站点差异明显	
局地、范围小、山区	有分散云团,1～2℃弱逆温。地面降水后温度下降,降温幅度不大。地面风速 0～2 m/s,水汽饱和,能见度较周围站点差异明显	大雾出现前有降水
局地、范围小、山区	天空 2～4 成云,地面温度变化不大。2℃弱逆温。地面风速 0～2 m/s,水汽饱和,能见度较周围站点差异明显	
局地、范围小、山区	天空晴朗,4～6℃逆温。地面风速 0～2 m/s,水汽饱和,能见度较周围站点差异明显	
日变化,大范围	东部地区处于冷槽后部,东南部地区有弱降水,降水地区有大雾天气,暖平流自西南向东缓慢影响黑龙江省,低空风速 2～4 m/s,无明显逆温。地面以偏南风为主	

编号	时间（日时—日时）	天气特点				主要影响系统	类型
		主要影响区域	大雾站数	最低能见度（km）	极值站		
DW20130909	0905	黑龙江省中东部	16	0.1	绥芬河牡丹江	高压脊后部、冷中心、地面高压脊	辐射雾
DW20130912	1202—1208	黑龙江省北部	6	0.1	北极村	地面高压脊、冷槽	辐射雾
DW20131020	2020—2405	除大兴安岭、黑河地区	53	0.1	绥滨、汤原、呼兰巴彦、尚志、依兰、北林、伊春、五营饶河、富锦、穆棱、齐齐哈尔、哈尔滨、佳木斯	地面高压（均压场）、高空高压底部（均压场）、偏南风暖脊	辐射雾平流雾
DW20131101	0102—0114	哈尔滨	7	0.2	木兰巴彦	高空为自西向东暖平流	辐射雾
DW20131103	0308	除黑龙江省西北部	27	0.1	伊春尚志	偏西风暖脊，高空、地面高压脊	辐射雾
DW20131115	1508—1620	黑河、齐齐哈尔、鹤岗、佳木斯	8	0	富锦	偏西风冷平流、低压槽、底部均压场	辐射雾
DW20131117	1702—1708	鹤岗、佳木斯、双鸭山、牡丹江	7	0.1	绥芬河	偏东风暖平流	辐射雾

天气现象特点	空间出现差异原因	备注
局地、范围小、山区	天空晴朗、无逆温,高空弱降温、地面温度变化不大。地面风速小,为 0~2 m/s,水汽饱和,能见度较周围站点差异明显	
日变化,小范围、局地	大部地区有较明显逆温,天空晴朗,08 时后逆温消失	
范围大、持续间长	偏南风建立,配合暖脊,在偏南部地区维持时间较长,冷、暖空气交汇在大兴安岭地区附近。高空、地面均为均压场,风力弱,850 hPa 上风速 4~6 m/s。一直是晴朗的天空,夜间逆温比较明显,温度露点差接近 0。23 日 08 时冷空气侵入,大雾范围东移,24 日 05 时大雾过程结束	
局地、间长、日变化	08 时前哈尔滨有 1~2℃弱逆温,天空晴朗;11 时后,天空多云,逆温消失,大雾站点减少	
范围大、持续间较长	夜间在暖脊前端,迎风坡处。天空晴朗,逆温很弱(0~1℃)	
持续间长、无明显日变化	冷空气沿着黑龙江省北部地区自西向东移动,给黑龙江省黑龙江沿岸地区带来降雪,大雾出现在降雪区移动方向的前段和底部	冷空气影响的降雪天气
局地	偏东风暖平流自东向西推动冷空气,给黑龙江省大部地区带来将雪,大雾出现的地区为降雪区的后部	暖空气影响的降雪天气

编号	时间（日时—日时）	天气特点				主要影响系统	类型
		主要影响区域	大雾站数	最低能见度（km）	极值站		
DW20131119	1908—1914	双鸭山、鸡西	3	0.3	双鸭山	偏东风暖平流	辐射雾
DW20131123	2302—2423	黑龙江省大部	30	0.1	佳木斯、哈尔滨、通河、铁力巴彦庆安、北林、宾县	暖脊、地面弱高压脊	辐射雾
DW20131207	0708—0714	哈尔滨、绥化	3	0.1	巴彦	偏北风冷槽后部、地面高压	辐射雾
DW20131210	1002—1014	哈尔滨、绥化、牡丹江	5	0.3	北林	偏北风冷槽后部、地面高压	辐射雾
DW20131217	1708—1714	黑河、齐齐哈尔、哈尔滨、绥化	7	0.3	巴彦	偏东风暖平流	辐射雾
DW20140225	2508—2511	黑龙江省南部（齐齐哈尔北部、哈尔滨、牡丹江）	7	0	双城	暖高脊、地面高压	辐射雾
DW20140226	2608—2617	黑龙江省东南部和西南部（齐齐哈尔、哈东、牡丹江）	16	0.1	讷河克东甘南	冷涡、低空急流、切变线、低压	锋面雾辐射雾
DW20140829	2908	大兴安岭	3	0.8	加格达奇	高压	辐射雾

天气现象特点	空间出现差异原因	备注
局地	偏东风暖平流自东向西推动冷空气,给黑龙江省大部地区带来降雪,大雾出现的地区为降雪区的后部	暖空气影响的降雪天气
范围大、持续间长、无明显日变化	23—24 日,受暖脊影响,一直有大范围逆温存在	
局地、范围小	5℃左右逆温,天空晴朗,风速 2 m/s左右	逆温区域大、大雾站点少
局地、范围小	除降雪地区外,全省有明显逆温,大雾站点出现在降雪天气区中	大雾站点周围有降雪天气,全省逆温明显
局地、范围小	受偏东风暖平流影响,黑龙江省西南部地区有降雪天气,大雾站点出现在降雪区东侧,全省逆温明显	暖空气影响的降雪天气
范围大,持续时间短,日出后即减弱消失	高压控制,低层南部暖平流,北部冷平流,风速小。925 hPa 以下存在逆温层,水汽饱和。大雾出现在东部山区的低洼地	
西南为锋面雾,强度大,范围集中,持续时间长。东南为辐射雾,范围小,持续时间短	雾区出现在低压中心,风速小。西南部地区下沉逆温叠加锋面逆温导致逆温层增厚,低层空气近饱和	西部地区冷锋过境,大雾区有降水出现
黑龙江大部出现轻雾,大兴安岭地区为大雾,局地性强,能见度小	高低空均为高压控制,晴空,风速小于 2 m/s,温度露点差为 0℃。近地面有逆温层。山区夜间辐射降温强	

编号	时间 （日时— 日时）	天气特点				主要影响 系统	类型
		主要影响 区域	大雾 站数	最低能见度 （km）	极值站		
DW20140913	1308	伊春和东南部 山区	5	0.3	林口	高压	辐射雾
DW20140918	1808	大兴安岭	3	0.9	加格达奇	高压	辐射雾
DW20141010	1008	黑龙江省南部	6	0.1	七台河	高压	辐射雾
DW20141025	2508—2514	黑龙江省南部	15	0.1	齐齐哈尔 勃利	高空槽、低空 急流、切变线、 均匀场	平流-辐射雾
DW20141101	0108—0114	黑龙江省南部 （绥化、哈尔滨 南部）	10	0.4	五常	高空槽、低空 急流、切变线、 地面高压	辐射雾
DW20150225	2502—2508	黑龙江省西部	7	0.1	海伦	均压场	辐射雾
DW20150302	0202—0208	黑龙江省西部	5	0.1	海伦	弱高压	辐射雾
DW20150303	0302—0308	黑龙江省中西部	12	0	海伦 铁力	鞍型场	辐射雾
DW20150317	1702—1708	黑龙江省西部	5	0	海伦 北安	高压	辐射雾
DW20150329	2902—2908	黑龙江省中南部	15	0	牡丹江	弱高压	辐射雾

天气现象特点	空间出现差异原因	备注
黑龙江中东部大部有轻雾,山区局部地区出现大雾	高低空均为高压控制,晴空,风速小于 2 m/s,温度露点差为 0℃。近地面有逆温层。山区夜间辐射降温强	
西北部山区局地,持续时间短	高、低空均为高压控制,晴空,风速小于 2 m/s,温度露点差为 0℃。近地面有逆温层。山区夜间辐射降温强	北极村局地阵雨
范围广,强度大。局地性强,主要出现在山区。持续时间短	高、低空均为高压控制,晴空,风速小于 2 m/s,温度露点差为 0℃。近地面有逆温层。山区夜间辐射降温强	黑龙江西部局地有小雨
均压场,风速小。低空急流前部暖平流,低层弱逆温,露点升高,相对湿度大	东北、华北大部出现雾。黑龙江省雾区伴有小到中雨,牡丹江局地出现大雨	部分站点有霾
高压控制,风速小。近地面温度降低,相对湿度大,低层逆温	东北、华北大部出现雾。雾区有弱降水出现	部分站点有霾
西南部有较大范围轻雾,大雾范围小,能见度低,持续时间短,有明显日变化,南部地区有霾	北部受低压影响有降水,南部处于均压场中,天空晴朗,辐射降温,风速小于 2 m/s	部分站点有霾
东北地区西部个别站点有雾,强度小,大雾范围小,持续时间短,有明显日变化	高压中心位于长江下游,向东北地区伸展,受高压影响区天空晴朗,风力小,出现辐射雾	
吉林省到黑龙江省南部有雾,大雾范围大,强度强,能见度低,持续时间短,有明显日变化	南部低压倒槽影响黑龙江省东南部,大雾区有微量降水,湿度条件好,夜间受鞍型场影响,天气转晴,风力小,辐射降温形成辐射雾	有微量降水
范围小,能见度低,持续时间短,伴有降水	北部受低压影响有弱的降水,低压移出高压移入,转为西北气流影响,转晴,风力小,受辐射降温影响,在高压边缘出现雾	前期有微量降水
范围大,能见度低,有明显日变化	东北地区在鞍型场控制下,天空晴朗少云。前期东移低压影响,有降水,转为弱高压控制,有冷平流及辐射降温影响	前期有降水

编号	时间（日时—日时）	天气特点				主要影响系统	类型
		主要影响区域	大雾站数	最低能见度（km）	极值站		
DW20150410	1005—1008	黑龙江省东部	6	0.3	同江	弱低压	辐射雾
DW20151006	0602—0611	黑龙江省西部	13	0	杜尔伯特明水	均压场	平流雾、辐射雾
DW20151007	0705—0720	黑龙江省东部	15	0	牡丹江	高压（后部）	平流雾、辐射雾
DW20151103	0302—0314	黑龙江省中西部	8	0.1	海伦	高压（北部）	平流雾、辐射雾
DW20151110	1008 1017—1220	黑龙江省中南部	20	0	海伦 绥化	暖高脊、高压	平流雾、辐射雾
DW20151209	0905—0923	黑龙江省中西部	11	0	海伦	鞍型场	平流雾、辐射雾
DW20151213	1220—1311	黑龙江省西部	9	0	海伦	高压	辐射雾
DW20160413	1308	黑龙江省南部	11	0	海伦	高低压过渡带、均压场	辐射雾
DW20160906	0608	绥化地区	4	0.2	海伦 绥棱	弱低压	辐射雾

天气现象特点	空间出现差异原因	备注
范围小,能见度低,有明显日变化	减弱低压影响,降水后出现雾	前期有降水
雾范围大,能见度低,持续时间较长,有明显日变化	黑龙江西部处于低压前部均压场中,地面为西南风,有西南暖湿平流,风速小于 4 m/s	
范围大,持续时间长,有日变化	高压东移,大雾区位于高压后部,夜间温度低,有西南暖湿平流,风速小于 4 m/s	
范围大,能见度低,持续时间较长,南部伴随霾	南部高压伸向黑龙江省东南部,西北部低压东移,高低压过渡区域,西南风影响	南部有霾
范围大,能见度低,持续时间长,有日变化	前期有降水,高压移入,转晴,风力小,辐射降温形成大雾,低层偏南风暖湿平流,静稳形势维持间长	前期有降水,南部有霾
范围小,持续时间较长,有明显日变化,大雾区周边有降水	受鞍型场控制,有偏南暖湿平流,大雾区周边有降水	
范围大,持续时间较长,有明显日变化	西部强高压,黑龙江省处于高压前部,等压线稀疏,风力小	伴随霾
南部地区出现轻雾到雾天气,其中绥化地区能见度最低,11 时大雾天气彻底消散	地面有弱的辐合在绥化,前一天黑龙江省南部地区出现了微量降水,边界层风速小;地形作用	
松嫩平原地区有轻雾或雾,前一天有降水,大雾 11 时消散	地面到 850 hPa 有弱的辐合在绥化,前一天黑龙江省大部地区出现了降水,边界层风速小;地形作用	过程中绥化均有降水,其中前 24 h 安达 56 mm,后 24 h 明水 63 mm

编号	时间（日时—日时）	天气特点				主要影响系统	类型
		主要影响区域	大雾站数	最低能见度（km）	极值站		
DW20160907	0708	黑龙江省西南部	7	0.2	北安	弱低压	辐射雾
DW20160911	1108	黑龙江省北部地区	3	0	黑河	高低压过渡带	辐射雾
DW20160914	1408	黑龙江省松嫩平原	8	0.2	甘南 北安 五大连池	低压前侧	辐射雾
DW20160918	1908	哈尔滨伊春	4	0.3	铁力	高低压过渡	辐射雾
DW20160922	2208	大兴安岭地区	4	0.2	漠河	冷锋、弱低槽	锋面雾
DW20161022	2208	齐齐哈尔黑河	4	0.2	依安	高低压过渡	辐射雾
DW20161127	2708	牡丹江地区	3	0.3	穆棱	高低压过渡	辐射雾
DW20161218	1808—2108	黑龙江省南部地区	17	0	绥棱	高低压过渡带	平流雾、辐射雾
DW20161231	3120—0108	黑龙江省南部地区	7	0.1	海伦 绥棱	弱冷锋、均压场	锋面雾

天气现象特点	空间出现差异原因	备注
松嫩平原地区有轻雾到大雾,前一天有雾(轻雾),大雾 11 时消散	地面到 850 hPa 在绥化有弱的辐合,边界层风速小;地形作用	
北部地区有大雾天气,南部地区有降水,11 时大雾消散	北部地区辐合弱,边界层风速小,偏东气流有弱的水汽来源	牡丹江山区、半山区有降水
松嫩平原地区有轻雾到大雾,11 时低压移入,降水开始,大雾消散	边界层风速小,低压前侧偏南风有水汽输送,地形作用	
哈尔滨伊春有轻雾到大雾,11 时消散	近地层该地区有弱辐合	
大兴安岭地区出现大雾天气,11 时冷锋过境风转向后,大雾消散	边界层有弱辐合,风力较小,冷锋加强了辐射冷却	南部地区有降水
齐齐哈尔北部黑河南部出现轻雾到大雾天气,11 时消散	边界层有弱辐合,风力较小	
牡丹江地区出现轻雾天气,11 时消散	边界层有弱辐合,风力较小	
黑龙江省南部地区出现持续 3 d 的雾和霾天气,其中 18—19 日为最重,夜间能见度低,日出后开始转好,其中中午前后能见度最高;最严重的区域为松嫩平原地区;本次过程中南部地区部分站有微量降水	地面上松嫩平原有风向辐合,低层维持偏南风,不仅有水汽输送,也有地形辐合,由于上游均维持大雾天气,考虑平流作用很强	
31 日夜间南部地区出现雾和霾天气,08 时强冷空气移入后,自西向东消散	地面上有一弱冷锋位于黑龙江省西部地区,边界层风速小,地形作用明显	

编号	时间 （日时— 日时）	天气特点				主要影响 系统	类型
		主要影响 区域	大雾 站数	最低能见度 （km）	极值站		
DW20170101	0108—0114	黑龙江省西南部 和中南部	17	0.1	齐齐哈尔 绥化	高低压过渡 带的均压场	辐射雾、平流雾
DW20170103	0308—0314	黑龙江省西南部 和中南部	5	0.1	海伦	高压前部	辐射雾
DW20170107	0705—0714	黑龙江省中南部	6	0.6	林甸	高压前部	辐射雾
DW20170117	1702—1723	黑龙江省西南部 和中南部	7	0.2	兰西	高压场的 均压带上	辐射雾、平流雾
	1802—1823	黑龙江省西南部 和中南部	6	0.4	海伦	高压前部	平流雾
	1902—1923	黑龙江省中部 和中南部	7	0.1	安达	高压场的 均压带上	平流雾
DW20170213	1302—1317	黑龙江省 西南部和 中南部	11	0	巴彦	高压场的 均压带上	辐射雾
DW20170214	1405—1408	黑龙江省中部	4	0.2	庆安 依安	高压东北部	辐射雾
DW20170228	2805—2814	黑龙江省 中部偏西	3	0	海伦	低压前部、 冷锋	锋面雾

292

天气现象特点	空间出现差异原因	备注
影响范围大:黑龙江西、中、南部出现大面积雾、霾天气,其中中部、南部多站出现大雾。强度大,最低能见度仅有 0.1 km。持续时间长,大雾天气从前一天至 1 日夜间。其他天气:局部地区伴有降雪	均压带上,风速极小。近地面为接近饱和状态,低层强暖平流	
南部出现大范围轻雾天气,部分地区伴有霾,局部出现大雾。强度大,部分地区能见度为 0.1 km	湿度大	
影响范围大:黑龙江西南部和中南部出现雾、霾天气,中南部局部地区出现大雾	温度露点差小于2℃,强逆温,静风,几方面重合	
持续时间长:17—19 日黑龙江省西南部和中南部大部分地区出现雾、霾天气。19 日随着冷空气入侵,降水开始,雾、霾天气逐渐结束	气压梯度小,处于均压场中,低层有暖平流	黑龙江相对湿度很大,风力小于 1 级,近地面有明显逆温
范围大:除西北地区外黑龙江大部出现雾,大雾主要在西南和中南部。持续时间长:午夜至傍晚。强度大:最低能见度不足 0.1 km	均压场中,气压梯度小,明显逆温,13 日 20 时天空状况较好,无云覆盖。黑龙江相对湿度很大,风力不足 1 级,近地面明显逆温	12—14 日均有大雾出现,13 日影响范围和强度最大
范围大:黑龙江西南部和中部多个地区出现雾、霾天气,其中中部部分地区出现大雾,最低能见度为 0.2 km	均压场中,气压梯度小,有暖平流	
中、西部之间产生了雾,局部出现大雾,东北部、西北部产生降水,北部地区出现寒潮	风力弱,850 hPa 以下为逆温层或恒温层。整个北部相对湿度较大,东北部和西北部有低层和地面辐合抬升产生了降水	寒潮

编号	时间（日时—日时）	主要影响区域	大雾站数	最低能见度（km）	极值站	主要影响系统	类型
		天气特点					
DW20170401	0105—0108	黑龙江中南部偏西,吉林西北部偏东	5	0.1	肇源	高压前部的均压带	辐射雾
DW20170418	1805—1814	黑龙江西部	6	0.1	青岗	蒙古气旋	锋面雾
DW20170731	3123—0108	黑龙江西北部	4	0.1	漠河呼玛	高压后部均压场	平流雾
DW20170802	0202—0208	黑龙江西北部	3	0.2	新林	高压后部均压场	平流雾
DW20170803	0223—0314	黑龙江西北部	3	0.2	漠河呼玛新林	高压后部	平流雾
DW20170806	0605—0614	黑龙江西部	3	0	五大连池	高压北部的高低压过渡带	辐射雾
DW20170901	0102—0105	黑龙江西北部	3	0.1	漠河新林	高压东北部	辐射雾
DW20170903	0302	黑龙江西北部	3	0.2	新林	高压西北部	辐射雾
DW20170906	0608	黑龙江中部	3	0.1	海伦	低压南部	辐射雾
DW20170918	1805—1814	黑龙江西北部	3	0	呼中	高压中心	辐射雾、平流雾
DW20170919	1908	黑龙江南部	3	0.3	通河	低压后部高压前部	辐射雾
DW20171223	2308	黑龙江中部	4	0.2	通河	高压后部	辐射雾

天气现象特点	空间出现差异原因	备注
影响范围大,黑龙江西南部、吉林中西部出现了雾,局部地区产生大雾,最低能见度0.1 km。持续时间短	均压带处,温度露点差小于1℃,天空无云区,逆温层更厚	黑龙江和吉林都出现逆温
黑龙江省西南大部分地区产生雾天气,局部地区出现大雾。部分地区出现小雨	温度露点差持续小于1℃,锋面附近,风力小,南部和西南部有850 hPa以下逆温层或恒温层	南部局部出现降水
持续时间长。局地性强:主要出现在黑龙江省西北部,北部地区出现降水	比湿较大,但低层通量散度为正,逆温,风力很小	暴雨,暴雨点在倒槽区,大雾在均压场区,地形影响
范围小:西部的局部地区出现大雾天气。能见度低,德都能见度不足0.1 km。持续时间较长:持续至午后。东部地区降水较明显	天空状况较好。变压小,风力小,湿层厚度较小	暴雨
范围小:主要集中在黑龙江西北部。能见度低,漠河、新林能见度约0.1 km。持续时间较短:午夜至清晨。南部有零星阵雨	气压梯度小,处于均压场中	
范围小:主要集中在黑龙江西北部和东部。其中大雾主要在西北部,新林能见度约0.2 km。持续时间较短:午夜至清晨。东南部有零星阵雨	高压西北部	
雾、霾范围大,大雾较少:中南部大部分地区都出了雾、霾天气,但大雾只出现在中部的个别站点,最低能见度为0.2 km	气压梯度小,处于均压场中	黑龙江省在底层都出现逆温
范围小:大雾主要集中在西北部,东南部出现阵雨或小雨天气	均压带上,风速极小。近地面为接近饱和状态,低层有强暖平流	
范围小:南部地区出现了雾,其中大雾主要集中在南部的中部地区,南部和东部大部分地区出现阵雨或小雨天气	低压后部高压前部的均压带上,气压梯度小。逆温且湿层厚度大	
雾、霾范围大,大雾较少:中南部大部分地区都出了雾、霾天气,但大雾只出现在中部的个别站点,最低能见度为0.2 km	气压梯度小,处于均压场中	黑龙江省在底层都出现逆温

编号	时间（日时—日时）	天气特点		主要影响系统		沙源地	类型
		主要影响区域	发生站数	高空	地面		
SC20120408	0808—0908	东北地区中部	6	高空冷涡	蒙古气旋	内蒙古中东部	低压大风
SC20150501	0108—0114	黑龙江省南部（肇州、哈尔滨、兰西）	3	高空槽低空急流	蒙古气旋	内蒙古东部、吉林西部、本地沙源	低槽发展型
SC20150505	0508—0520	黑龙江省南部	9	低涡低空急流	低压	内蒙古东部、吉林西部	西北气流前低涡型
SC20160401	0108—0114	黑龙江省松嫩平原	5	低槽、高低空急流	蒙古气旋	吉林西部、本地沙源	低涡型
SC20160514	1414—1420	黑龙江省松嫩平原	6	低槽、高低空急流	蒙古气旋	本地沙源	低槽型

过程分析

主要系统演变	天气现象特点	空间出现差异原因	备注
08—20时黑龙江省西南部和吉林省中西部出现大面积扬尘天气,吉林省局地有沙尘暴。大风区域主要为松嫩平原和三江平原西南部,以8级左右西南大风为主,时段集中在08—14时,17时之后逐渐减弱,20时后基本没有。黑龙江省北部有分散性阵雪,南部地区局地出现阵雨	高空低涡迅速从黑龙江省西部移至东部,从低涡减弱成低槽。地面气旋在进入黑龙江省前气压梯度最强,风力最大,东移过程中逐渐减弱	黑龙江省南部、吉林省大部处于地面低压前部,以西南风为主导风向,地面低压东移过程中将吉林省西部、内蒙古东部的沙尘带来,随着西南风向吉林省中部、黑龙江省南部输送。受高空低涡过境影响,黑龙江省北部有分散性降水产生	出现地面大风
范围小,持续时间短,存在明显日变化,伴有西南大风	前期受高空暖脊影响,高温少雨,后期贝湖冷空气南下,高空槽东移发展,槽前西南急流加强,地面气旋发展,暖锋加强,随后冷锋过境,出现弱降水,风速减小,沙尘天气结束	沙尘出现在地面低压中心附近,西南大风,伴有弱降水	南部部分地区有西南大风,最大风速21 m/s
影响范围大,持续时间长,自西向东推进,伴有西南大风	乌山到新疆受强暖脊控制,脊前西北气流引导冷空气南下,到贝湖堆积,使得低涡发展,地面气旋发展,前期蒙古出现沙尘暴天气,随气旋发展东移,将沙尘输送到本地,另外,气旋在吉林西部强烈发展,风力加大,将吉林西部沙尘卷起	低涡位于黑龙江省南部,低涡东北移,沙尘天气自西南向东北推进,地面气旋在吉林省西部加强,风力加大进一步扩大沙尘天气的范围	伴有西南大风,该日该区域23站大风,最大风速24 m/s
黑龙江省南部地区出现大风和沙尘天气	乌山以东暖高脊发展,鄂海阻塞高压建立,低槽东移过程中加强成涡,低空急流发展加强,蒙古气旋东移缓慢加强发展。气旋中心值为995 hPa	蒙古气旋前出现沙尘天气的区域有6级以上偏南大风	西部雨夹雪,北部雨夹雪转暴雪,最大降水量17 mm,在漠河;南部地区区域大风,最大风速25 m/s,在兰西
黑龙江省南部地区降水开始前出现大风和沙尘天气	巴湖低槽东移过程中,低槽加深,经向度增大。东移过程中,槽前低空急流发展加强。地面上蒙古气旋东移缓慢	蒙古气旋前出现沙尘天气的区域有6级以上偏南大风	南部地区区域大风,最大风速26 m/s,在林甸

附录 A　黑龙江省典型暴雨天气过程

A.1　2012 年 6 月 9—10 日

(1)本次暴雨的天气特点是什么?

本次过程有 6 站出现暴雨,其中 2 站为分散暴雨点,其余 4 站相对集中,最大降雨出现在铁力,84.3 mm。各站强降雨时段相对集中,主要出现在 9 日 14 时—10 日 02 时。本次暴雨伴有冰雹、大风、短时强降水等强对流天气。

(2)本次过程中,低层暖脊加强的作用是什么?

暖脊加强有利于系统发展:暖脊处于低涡槽前,槽后有冷平流,涡度平流导致地面系统发展,系统东移;暖脊加强有利于同层次位势高度下降,促使低涡发展。

能量条件:暖脊有利于低层不稳定能量的蓄积。

层结条件:低层暖脊加强增大高、低层的温差,导致较强的层结不稳定,从黑龙江省经验指标来看,$T_{850}-T_{500}>28℃$ 有利于出现强对流天气。

低层暖脊加强有利于水平方向上的气压梯度力增大,进而导致附近风场加强,上升运动加强。

综上所述,低层暖脊加强有利于强对流天气的出现。

A.2　2012 年 7 月 28—29 日

(1)急流在本次暴雨中的作用?

高空急流:在暴雨出现过程中一直存在急流,且呈反气旋式环流,高层辐散。

低空急流和超低空急流:本次暴雨过程,与从渤海到黑龙江省南部附近的西南急流建立并逐渐移出的过程对应。

在黑龙江省南部低层为西南急流或较大西南风,且有西南风与东南风(偏东风)的切变,高层为辐散流场,低空辐合高空辐散,上升运动加强,为暴雨提供了动力条件。

低空和超低空的西南急流提供了丰富的水汽,切变导致水汽在暴雨区辐合。

(2)引起暴雨的高空系统是如何演变的?

前期,贝湖北部高纬度为较强暖高压,副高呈块状,中心在日本南部;黑龙江省中西部为弱的暖脊,东、西两侧是弱的低值区。

降水开始前,贝湖西部有冷空气南下,28 日 08 时,河套东北部低层形成涡,冷槽落后于高度槽,系统未来仍将发展;20 时,低涡(槽)东移发展加强,在低层内蒙古东部到黑龙江省西南部有明显的暖式切变,同时从渤海到切变附近有西南低空急流,在暖式切变进入黑龙江省的过程中,雨强较大阶段开始。随着后部冷空气的补充,低涡进一步加强,受前部暖脊的阻挡,系统向东北方向移动,雨强维持。

29 日 20 时后,系统东移,低层西南风移出,强水汽输送结束,黑龙江省雨强明显减小,暴雨结束。

(3)为什么本次降水中没有冰雹出现?

原因有三:0℃层较高,整层较湿,潜热释放。

A.3 2012 年 8 月 29—30 日

(1)为什么暴雨区集中在黑龙江省中部?

系统动力条件、水汽条件均较好,且持续时间较长。

在东部有高脊阻挡,系统以北偏东移动为主,黑龙江省中部在台风的移动路径附近,靠近系统中心。

在系统东移过程中,黑龙江省中部有冷空气从台风西侧补充,在此过程中,有短时暴雨出现,导致中部地区总体降水量偏大。

(2)为什么黑龙江省西部无明显降水?

从系统移动来看,黑龙江省西部位于系统的西部和西北部,水汽条件及动力条件较差。

在系统移入黑龙江省前,有冷空气从黑龙江省西部进入,这一区域处在较强冷平流中,不利于出现降水。

从云图及地面形势图来看,黑龙江省西部多以高云或普通层积云为主,不利于出现明显降水。

(3)本次暴雨过程中地面大风是如何形成的?

系统较强,因此气压梯度力大,地面地转风较强。

高空风力较大,动量下传,使地面风力增大。

在冷空气进入的过程中,有中小尺度系统活动,部分地区对流较强,加强了地面风力。

A.4 2013 年 7 月 2—3 日

(1)讷河和双城均出现了暴雨,二者有什么区别?

天气特征不同:讷河为局地强对流引发的暴雨,主要降水出现在 2 日 14—20 时,6 h 降水 41 mm,持续时间较短;双城为区域性暴雨,连续性降水伴有弱对流,降水强度为 10～20 mm/6 h,持续时间长。

影响系统不同:讷河位于高空西部槽线附近,风切变较大,抬升条件好,地面则处在低压西北部边缘;双城位于南部低涡的北部,低涡与北部系统合并,发展北上,给双城带来降水。

水汽条件不同:讷河主要降水时段,局地相对湿度较大,水汽输送相对较弱;双城低空和超低空有偏南风和东南风急流,有明显的水汽输送。

(2)本次暴雨过程中华北低压的作用是什么?

本次暴雨过程中华北低压北上,与北部的低值系统合并加强,在加强的低压北侧及其路径附近出现了暴雨,所以华北低压是本次降水的主要影响系统。

低压经过渤海,携带大量水汽北上,同时低压前部西南气流及后期的偏东气流为暴雨区输送了大量的水汽。

低压中北部有西南和偏东或东北风的切变,在切变附近有低层水汽的辐合,出现较大降水。

华北低压北上加强,移动缓慢,所以本次降水持续时间较长,雨量较大。

A.5 2013 年 7 月 19—20 日

(1)本次暴雨过程的特点是什么?

本次暴雨过程主要出现在黑河南部、齐齐哈尔东北部、绥化、大庆的部分地方,极值出现在富裕,为 88 mm,周边大部以大雨或中雨为主。

在降雨的同时伴有雷电等强对流天气。

暴雨区域相对集中,降雨时间较长,有短时暴雨。

(2)简述暴雨的高空影响系统及其作用。

影响系统有涡、高空槽、切变线。

暴雨区处于 500 hPa 涡南部槽前上升区,有利于低层上升运动发展;20 日早晨在暴雨区为切变线,动力条件好。

850 hPa 上 19 日 08 时在齐齐哈尔西部槽线两侧风切变大,有利于动力抬升,与 19 日白天西部的强降水相对应;随着后部冷空气进入槽中,槽逐渐发展,至 20 日 08 时加强成涡,有利于地面附近激发中尺度辐合线,与 19 日夜间的暴雨对应。

槽东移过程中槽前南向气流将渤海的水汽输送到本地,切变线有利于水汽辐合。

附录 B 2017 年灾情概况

2017 年黑龙江省汛期天气复杂,高温干旱、局地暴雨洪涝、短时强降水、冰雹、雷暴大风、低温冷害等灾害性天气时有发生,对黑龙江省农业、交通、电力等行业造成不利影响。黑龙江省气象局分别于 7 月 20 日、8 月 2 日启动暴雨Ⅲ级应急响应,11 月 9 日启动暴雪Ⅳ级应急响应。

以下灾情数据根据气象灾害管理系统、省内各级气象部门上报及新闻报道整理而成。

B.1 暴雨洪涝

2017 年黑龙江省暴雨洪涝灾害主要发生在 6—8 月。

(1)6 月 17—21 日黑龙江省出现一次降雨天气过程,较大降雨主要集中在大兴安岭南部、黑河北部、伊春、鹤岗及哈尔滨南部地区。

哈尔滨市阿城区:双丰街道受冷涡系统影响,6 月 19 日 15—16 时降雨量达到 43 mm,17—18 时降雨量达到 41 mm,24 h 累计降雨量达到 121.9 mm。此次降雨比较急,短时间内降雨量比较大,造成双丰街道范围内大范围积水,主城区到双丰街道两座桥都将达到泄水极限,随时可能坍塌,地势较低的农田被淹,部分玉米被风吹倒,部分房屋进水。受灾 9638 人,安置转移 54 人,倒塌房屋 5 间,农业经济损失 1882.65 万元。

黑河市嫩江县:6 月 18—20 日有 7 个乡镇出现暴雨。受持续降雨影响,部分农田积水,道路、桥涵受损,9378 人受灾,耕地受灾 10543 hm²,成灾 7729 hm²,绝收 2116 hm²,直接经济损失 2218.6 万元。房屋进水 44 户,受影响 100 人,桥涵水毁 14 座。喇嘛河治理工程浆砌石挡土墙水毁 6 处 300 延长米,浆砌石量 900 m³;防浪墙底部淘空 3 处 150 延长米,土方量 5000 m³;喇嘛河回水堤缓冲平台水毁 2 处 450 延长米,土方量 23300 m³。民兵水库、青年水库开闸放水,确保在汛限水位以下运行。

七台河市:6 月 20—21 日遭受强对流天气影响,局地出现短时强降水。勃利县大四站镇 4 个村、抢垦乡 7 个村、青山乡 1 个村和茄子河区宏伟镇山峰村、云山村、中心河乡中心河村和新兴区长兴乡罗泉村、长发村、马鞍村、红旗村、长安村、长兴村、柳毛河村和种畜场第五、第六作业区陆续出现强对流天气,累计降雨量普遍在 40～60 mm,最大降雨量达 80 mm,灾害造成大面积玉米、黄豆等低洼地块秧苗被冲毁。据初步统计,2394 人受灾,受灾 4714 hm²,成灾 577 hm²,绝收 250 hm²,直接经济损失 1019.1 万元。

(2)6 月 29—30 日黑龙江省中北部降中到大雨,局部暴雨。伊春、绥化东部、哈尔滨北部、鹤岗及龙江、嫩江累计降水量在 25 mm 以上,其中萝北最大为 115.1 mm。

双鸭山市饶河县:6 月 29 日 22 时—30 日 08 时普降强降水。其中西丰镇累计降雨量 73.4 mm,山里乡 57.3 mm,大佳河乡 32.2 mm,小佳河镇 25.3 mm。此次洪涝灾害对玉米、大豆、水稻造成严重影响,其中山里乡、小佳河镇、西丰镇村屯受灾严重。经统计,全县农作物受灾 1440 hm²,成灾 1008 hm²,2170 人受灾,直接经济损失 324 万元。

(3)7 月 18—20 日黑龙江省南部地区出现大到暴雨,降雨主要集中在哈尔滨东部、牡丹江地区。19 日哈尔滨尚志市珍珠乡、牡丹江海林地区出现洪水,20 日 11 时黑龙江省政府向气象灾害应急指挥部各成员单位发出了《黑龙江省气象灾害应急指挥部关于启动气象灾害(暴雨)Ⅲ级应急响应的通知》。

牡丹江市海林市:7 月 18 日 21 时—20 日 06 时普降大到暴雨,全市平均降雨量 49.3 mm,100 mm 以上的站点有 33 个,50 mm 以上的站点有 67 个,其中海林镇靠山村降雨量 155 mm、长汀镇新胜村 149 mm、柴河镇阳光村 142 mm、海林站 141 mm、山市镇道南村 137.6 mm、新安镇北崴子村 124 mm。根据牡丹江水文局长汀水文站实测,洪峰到达长汀水文站断面时间为 19 日 21 时 30 分,水位 97.11 m,流量 1240 m³/s,超警戒水位 0.61 m,接近十年一遇的洪水标准。20 日 07 时,长汀水文站实测水位 96.39 m,流量 726 m³/s,水位回落 0.72 m,低于警戒水位 0.11 m。20 日 08 时,海林城区水位 249.70 m,流量 1850 m³/s,超警戒水位 0.7 m。海林市 6 个乡镇(海林镇、柴河镇、山市镇、新安镇、长汀镇、横道镇)和海林城区的 8 个社区受灾,受灾村屯 49 个,倒塌房屋 2 间,房屋进水 257 户,5600 人受灾;农作物受灾 2125 hm²(绝产 160.1 hm²),经济作物受灾 806 亩*、大棚进水 15 个;损坏桥涵 47 处、公路 29 处 3.61 km;拦河坝损坏 7 处,闸门损坏 13 处,渡槽损坏 6 处,涵洞损坏 35 处,护坡损坏 4 处 720 m,冲毁渠道 620 m、干渠淤积 7800 m。转移村屯 15 个 1277 户 3342 人。

哈尔滨市尚志市:7 月 19 日上午,尚志市珍珠山乡平林林场营林屯、兴安林场、榆林村前河屯、富源村、三合村红石屯、平林林场东北岔屯及老街基乡青川村等村屯发生强降雨,其中平林林场营林屯 6 h 监测最大降雨量 173.5 mm。强降雨发生时,08 时—13 时 30 分,珍珠山乡境内河流水情平稳,13 时 30 分,水位开始上涨,至 16 时 30 分,境内多数河流河水出槽,珍珠山境内榆林、冲河、三合等 6 个村和老街基乡青川村的 3 个屯不同程度受灾。据统计,尚志市珍珠山乡此次洪涝灾害共冲毁旱田约 623.1 hm²、水田约 516.7 hm²、食用菌约 6600 万袋,损毁桥梁 18 座、房屋 115 栋,水毁路面逾 20 km,直接受灾 2026 户,约 6060 人受影响,通过组织集中安置和投亲靠友避险 4256 人,造成直接经济损失约 8432 万元。尚志市老街基乡受灾 256 户,约 1026 人受影响,农作物受灾约 194.7 hm²,黑木耳约 330 万袋;房屋受损 8 户,其中 2 户倒塌;损坏桥梁大桥 2 座、桥涵 18 个,道路受损 8 条 8.3 km,造成直接经济损失约 1650 万元。珍珠山乡一外来榆林村探亲刘姓老人在避险时不幸落水身亡。

(4)8 月 1—4 日,黑龙江省黑河南部、大庆、绥化、哈尔滨北部、伊春南部出现暴雨天气,2 日 21 时黑龙江省气象局发布《气象灾害(暴雨)Ⅲ级应急响应命令》。

绥化市安达市:8 月 3 日夜间出现了大暴雨天气,其中 8 个气象站超过 100 mm(最大 165.0 mm),3 个站为 80~100 mm,3 个站 50~100 mm。1—4 日整个降水过程累计降雨量 4 个站为 100~150 mm,8 个站为 150~250 mm。暴雨天气造成市区低洼地块积水严重,据民政部门统计:56074 人受灾,紧急转移安置 1214 人,其中转移安置 278 人,分散转移安置 936 人。近 3000 户房屋进水,倒塌 8 间 3 户,严重损坏房屋 1412 间 602 户,一般损坏房屋 1238 间 770 户,过水房屋家电全毁,但无人员伤亡。全市农田受灾 26429.8634 hm²,成灾

---

* 1 亩 = $\frac{1}{15}$ hm²。

302

12768.9332 hm²,草原受灾 15367.1333 hm²。灾害造成直接经济损失 11209.81 万元,其中农业损失 8804.75 万元,家庭财产损失 1460.45 万元,草原损失 1082.19 万元。

绥化市兰西县:8 月 1 日 11 时前后大部地区开始普降阵雨,至 8 月 2 日早,统计 24 h 累计降雨量,5 个乡镇超过 100 mm,雨量最大的北安乡为 174 mm。星火乡有灾情。

哈尔滨市:8 月 2 日 16 时 30 分出现雷雨天气,截至 20 时 30 分,哈尔滨机场共有 40 余个航班受影响,其中取消航班 16 班。

哈尔滨市巴彦县:8 月 1—4 日,持续出现降水,1 日 21 时开始出现强降水,西集、富江、松花江 3 个乡镇 12 h 累计降水量超过 100 mm。8 月 1 日 00 时—4 日 08 时累计降水量 13 个乡镇超过 100 mm,西集镇最大达 240.1 mm。据巴彦县农业局统计,全县有 18 个乡镇中的 13 个乡镇累计降水量超过 100 mm。全县农作物受灾 4637.7 hm²,成灾 1472.9 hm²,粮食损失 12087 t,经济损失 2156 万元。

哈尔滨市呼兰区:8 月 2 日康金街道、石人镇、二八镇、许堡乡遭受洪涝灾害,最大降雨量 90.3 mm,降雨持续 40 min,造成大豆、水稻、玉米等农作物受灾。其中二八镇的降雨量较大,造成 1 人死亡。据统计,7614 人受灾;农作物受灾 2957 hm²,成灾 200 hm²,绝收 100 hm²。直接经济损失 876 万元,其中农业损失 120 万元。倒损房屋 12 户 30 间,严重损毁 7 间,一般损毁 25 间,农房毁坏 2 间,造成经济损失 51 万元。

(5)8 月 6—8 日,全省大部地区有一次中到大雨天气过程,局部有大到暴雨。

黑河市孙吴县:8 月 6—8 日累计降雨量达 90.4 mm。卧牛河乡、清溪乡、辰清乡、孙吴镇部分农田土地持水量已饱和,经过此次强降雨过程,导致清溪乡斗不起河水出槽,大部分黄豆、玉米、小麦等农作物受淹,小麦出现大面积倒伏与黑头现象,给农民生产、生活带来严重影响。

黑河市嫩江县:8 月 7—8 日出现较大降水,部分乡镇出现暴雨。受强降雨影响,科洛镇石头沟村合发屯出现洪涝灾害。据科洛镇协理员上报受灾情况:耕地受灾 60 hm²,成灾 50 hm²,绝产 30 hm²,100 人受灾,受灾 20 户,直接经济损失 30 万元。

佳木斯市抚远县:8 月 6—7 日出现暴雨天气过程,全市 9 个乡镇中有 5 个乡镇降雨量超过 100 mm,4 个乡镇降雨量超过 50 mm。暴雨天气过程引发抚远市出现洪涝灾害。经抚远市民政局统计,辖区内 5 乡 4 镇共 69 个村不同程度受灾,地势低洼地块的农田出现严重内涝,特别是寒葱沟镇、浓江乡的木耳养殖基地和蓝梅基地更是遭受灭顶之灾,即将丰收的木耳棒和蓝梅果被水浸泡,已经开始腐烂变质,损失十分惨重。8 月正值各类蔬菜瓜果成熟的季节,此次长时间的强降雨,导致农户无法进地及时采摘,抚远市的农业遭受损失已成定局。全市共有 1.5 万 hm² 农田受灾,成灾达 1.2 万 hm²,绝产为 0.3 万 hm²,受灾 2623 户 7869 人,农业直接经济损失达 7510 万元。

双鸭山市宝清县:8 月 6 日宝清镇、七星泡镇、龙头镇 3 个乡镇共 6 个村屯发生因强降水引起的洪涝灾害,总受灾 1021 人。

七台河市:8 月 6 日 05—14 时大部地区出现短时强降水,全市有 17 个(约 1/4)站降水超过 50 mm,其中有 2 个站达到或接近 100 mm,其余雨量普遍在 20～50 mm。此次降水中心出现在七台河市中部(勃利大四站周围、桃山区、新兴区、金沙新区)。截至 14 时,市区降水 48.7 mm,勃利 24.4 mm;最大雨量出现在勃利大四站镇,其中苗圃村 106.6 mm、古城村 95.5 mm;6 日夜间雨量普遍在 5 mm 左右。灾害造成茄子河镇太阳村、兴龙村、中河村、朝阳村、东河村,宏伟镇前山村、岚棒山村、京石泉村,2个乡镇8个行政村相继受灾;种畜场第八管理区受灾,造成5座房屋进水,紧急转移安置灾民1人。据初步统计,1597人受灾,紧急转移232人,受灾816.7 hm²,成灾546.4 hm²,绝收33.6 hm²,倒塌房屋2户6间,严重损坏1户3间,一般损坏5户5间,损毁2栋桥涵,直接经济损失770.3万元。

牡丹江市东宁市:绥阳镇8月6日15—20时,降雨量173.1 mm。绥阳镇多处堤防、道路、桥梁、农田被冲毁。经初步统计:绥阳镇共8个村屯受灾,共计转移600余人,农户进水176户,冲毁乡村桥梁5座,冲毁路涵20处,农田道共淤积约20 km,路基水毁共约1000 m,冲走木耳菌袋100万袋,绥阳雨润木耳批发大市场部分商户库房进水。

B.2 大风

2017年,黑龙江省大风灾害主要发生在4月下旬至10月上旬,其中7月18日绥化市、8月21日黑河市嫩江出现龙卷天气。

(1)4月28日—5月9日黑龙江省大部地区平均风力5~6级,阵风7~9级,齐齐哈尔、绥化、哈尔滨、牡丹江个别市、县达10级。受大风影响,5月3—4日黑龙江省西南部地区出现沙尘天气。

绥化市庆安县:4月30日受大风天气影响,大罗镇、庆安镇、民乐平安4个乡镇的大棚、房盖出现不同程度的灾情。5月3日新胜乡三门李家屯发生火灾,初步统计受灾10户。

(2)5月28—29日黑龙江省出现5~6级大风,阵风8~9级。

黑河孙吴县:5月28日14时40分—15时10分遭受大风天气,风速20.4 m/s,阵风7~8级。据孙吴县民政局统计,西兴乡西南村遭受了大风的袭击,两栋大棚遭受严重损坏,大棚中所种蔬菜全部倒伏。此次4人受灾;农作物受灾0.12 hm²,成灾0.12 hm²。因灾造成农业直接经济损失5.4万元。

(3)7月8—12日黑龙江省自西向东出现一次阵雨或雷阵雨天气过程。降水同时伴有雷暴大风、冰雹等强对流天气。

哈尔滨市呼兰区:7月12日凌晨出现大风、冰雹天气。二八镇、兰河街道、康金街道、双井街道、沈家街道、莲花镇、长岭街道、许堡乡、杨林乡遭到了短时强降水、冰雹、雷暴大风等强对流天气,风力达8~9级,个别乡镇瞬时风力达到10级,造成玉米大面积倒伏,据民政部门统计,76437人受灾,受灾26212 hm²,成灾19980 hm²,绝产31 hm²,直接经济损失2818万元,其中农业损失1943.4万元。

哈尔滨市:7月12日00时前后,风雨大作,雷电交加,哈尔滨观测站极大风速为24.6 m/s,11日20时—12日02时,主城区共有6个站降雨量超过10 mm,其中最大降雨量出现在哈尔滨观测站,雨量15.1 mm。市区个别路段大树被风吹倒砸车、一些房盖被大风掀翻,哈尔滨南岗区南直路与长江路交口附近工地三层活动板房上两层发生坍塌,消防官兵从坍塌现场内部抢救疏散35人,20余人送医。

(4)7月下旬为黑龙江省局地暴雨多发期,局部地区有短时强降水、雷暴大风等强对流天气。

双鸭山市宝清:7月24日13时30分—14时50分发生雷雨大风等强对流天气。七星泡镇、朝阳乡2个乡镇共5个村屯230户受灾。

哈尔滨市双城区:7月27日15时16分开始遭受雷雨大风灾害性天气,瞬时风力8级。此次天气过程造成城区内电业局家属住宅楼、星城名苑小区、老糕点厂家属楼、现代中学家属楼、西大街三门诊楼、第二中学教学楼、第七小学教学楼房盖全部或大部分被掀落;哈前、双拉、双青三条公路两侧90多颗树木被连根拔起或折断(大树63棵,小树31棵)。事故造成轻微伤1人,十多台车辆受损。

(5)8月1—4日黑龙江省出现短时强降水、雷雨大风等局地强对流天气,其中1—2日,中部局部地区瞬时风力8~9级。

哈尔滨市双城区:4日03时38分本站极大风速19.3 m/s,3日07时—4日07时27个乡镇、街道过程降雨量均超过50 mm,其中万隆降雨量最大,为90.4 mm。新兴街道办、同心乡、东官镇、万隆乡、承恩街道、单城镇、永治街道、周家街道、韩甸镇、五家街道、希勤乡、兰陵街道、临江乡、青岭乡、联兴乡15个乡镇遭受大风、冰雹、短时强降水等灾害性天气,造成玉米和水稻大面积倒伏。初步统计,27873人受灾,农作物受灾7441.4 hm²,60户116间房屋的房盖被大风掀开、掀掉,直接经济损失合计3152.7万元,其中农业损失3090万元,家庭财产损失62.7万元。

(6)9月29日、9月30日夜间至10月1日、10月6—7日黑龙江省大部地区风力较大,平均风力5~6级,阵风7级以上。

双鸭山市宝清县:10月1日出现大风。大风导致宝清县宝清镇、青原镇、龙头镇、夹信子镇、七星泡镇、小城子镇、万金山乡、七星河乡8个乡镇58个行政村的水稻和农房不同程度受灾。此次灾害共造成2444户5709人、2096 hm²农田(成灾1127 hm²,绝产19 hm²)受灾。一般房屋损坏115户288间。本次灾害造成经济损失226.84万元,其中农业损失191.7万元,家庭损失35.14万元。

佳木斯市富锦市:10月1日13时57分—21时遭受大风的袭击,最大风速达25.8 m/s,强风致使大棚和水稻受灾比较严重。经工作人员现场查看和相关部门会商统计,此次灾害造成580人受灾,农作物受灾235 hm²,大棚不同程度受损148栋。灾害共造成直接经济损失56.15万元。

(7)7月18日绥化市、8月21日黑河市嫩江出现龙卷天气。

绥化市北林区:7月18日18时—18时30分北林区三井乡出现强对流天气,雷达显示对流发展旺盛,速度场上识别出中尺度涡旋特征,出现龙卷。三井乡受灾151 hm²,主要为玉米,8间房屋房盖被掀,树木倒伏300多颗,电线杆倒30余根,经济损失逾70万元。

黑河市嫩江县:8月21日14—18时,黑龙江省黑河市嫩江县境内因剧烈强对流天气出现龙卷灾害。据民政部门统计,受龙卷灾害影响,直接经济损失328万元。嫩江镇203人受灾,紧急转移安置119人,一般房屋损坏152间,直接经济损失128万元;前进镇16人受灾,一般房屋损坏14间,直接经济损失200万元。

B.3 干旱

5—7月全省平均降水量244 mm,比历史同期少8.5%。齐齐哈尔、大庆、绥化大部累计降水量在200 mm以下,比历史同期少3~7成。

绥化市安达市:进入春耕期以来降水一直偏少,5—7月累计降水量151.7 mm,比历年同期少 133.4 mm，其中 6 月降水比历年少 36.3 mm，7 月降水比历年少 102.2 mm。加之 6—7 月高温天气比历年多，30℃以上出现 40 余天。降水少、连续高温，给全市造成不同程度的干旱，据民政部门统计，大田主要作物玉米受旱严重，75745 人受灾，受灾 32823.34 hm²，成灾 17357.27 hm²，直接经济损失 13017.95 万元，其中农业损失 13017.95 万元。

B.4 冰雹

2017 年黑龙江省冰雹灾害主要发生在 6 月至 10 月上旬。

(1)6 月 1—3 日黑龙江省有降雨天气，降雨同时伴有雷暴大风、冰雹等强对流天气。

哈尔滨市呼兰区：6 月 1 日 12 时建设路街道永兴村 3 个小队发生冰雹灾害。受损作物为蔬菜(菠菜、白菜、小葱、生菜等)和果树(李子树、樱桃树、葡萄树)，受灾面积 12 hm²。

(2)6 月 14 日哈尔滨宾县出现冰雹天气。

哈尔滨市宾县：6 月 14 日 15 时 30 分—16 时 30 分，受强对流天气影响，本站冰雹最大直径 8 mm。据初步统计，本次强对流天气过程鸟河乡受灾严重。

(3)6 月下旬黑龙江省多阵性和局地性降雨天气，同时局地强对流天气频发。

绥化市明水县：6 月 19 日 17 时 05—27 分受强对流天气影响，树人乡降冰雹。

绥化市庆安县：6 月 19 日 18 时 49 分新胜乡新明村、新胜村、新升村相继发生雹灾，灾害持续 6 min，冰雹最大直径 3 mm，玉米、黄豆受灾严重，欢胜乡永华村因强降雨影响，部分低洼地块被水淹没。

绥化市安达市：6 月 19 时 30 分许，安达市太平庄镇二十五村、老虎岗镇文化村、联合村、向前村出现局地强对流天气，发生冰雹灾害。据民政部门调查，冰雹使太平庄镇二十五村、老虎岗镇文化村、联合村、向前村共 4 个村受灾，冰雹对玉米、大豆等农作物产生了严重的影响，受灾 1789 hm²、成灾 1146.5333 hm²，直接经济损失 943 万元。

齐齐哈尔市龙江县：6 月 19 日 16 时 30 分—17 时白山镇和黑岗乡冰雹直径 2 cm。初步统计，本次强对流天气白山镇受灾严重，有 1930 人受灾，直接经济损失 430 万元。

绥化市绥棱县：6 月 24 日 14 时 50 分—15 时双岔河镇遭受冰雹灾害，造成绥棱县双岔河镇 2 个村不同程度受灾，受灾最严重的是大豆，其次是玉米。全镇总受灾 407 hm²、大豆 292 hm²、玉米 16.7 hm²，其中绝产 266.7 hm²、六成灾 12 hm²、七成灾 15.3 hm²、八成灾 14.7 hm²。双岔河镇前锋村总受灾 98.34 hm²，大豆 68.7 hm²、玉米 29.6 hm²，其中绝产面积 69.7 hm²，六成灾 4 hm²、七成灾 6.9 hm²、八成灾 17.8 hm²，因灾直接经济损失 260 万元。

(4)7 月 8—14 日黑龙江省自西向东出现一次阵雨或雷阵雨天气过程，局地有暴雨，个别地区累计降雨量超过 100 mm，降水同时伴有冰雹、短时大风等强对流天气。

绥化市兰西县：7 月 11 日 20 时前后兰西县康荣乡、兰西镇、榆林镇、长江乡出现冰雹，持续时间 15 min 左右，形成雹灾。据民政和农委的调查信息，雹灾影响康荣乡、兰西镇、榆林镇、长江乡 4 个乡镇，冰雹对香瓜、蔬菜、玉米造成了不同程度的减产和绝产。总受灾 8510 hm²，造成经济损失 1.5 亿元。

哈尔滨市巴彦县：7 月 11 日夜间巴彦县部分乡镇出现雷雨大风天气，导致作物出现倒伏，红光乡伴有冰雹，出现雹灾。全县有 9 个乡镇受灾，总受灾 2.5 万 hm²，受灾作物有玉米、大豆、瓜果、辣椒等，其中雹灾为 0.3 万 hm²。

双鸭山市宝清县:7月13日02—13时宝清镇、夹信子镇、朝阳乡、小城子镇、青原镇5个乡镇遭受不同程度的冰雹灾害。

(5)7月下旬强对流天气多,其中22—24日黑龙江省自南向北出现一次阵雨天气过程,同时伴有短时强降水、雷暴大风、冰雹等强对流天气。

黑河市嫩江县:2017年7月22日嫩江县受强对流云团影响,部分乡镇出现冰雹灾害。科洛镇、联兴乡、多宝山镇、塔溪乡、白云乡、长江乡、双山镇均受不同程度雹灾。据民政部门统计,冰雹灾害受灾8778人,受灾耕地22118 hm^2,成灾17479 hm^2,绝收7863 hm^2,直接经济损失6692万元。

黑河市孙吴县:7月22日20时10分大部分地区出现强对流天气,并伴有雷暴大风、短时强降水、冰雹等天气。此次共有275人受灾;农作物受灾300 hm^2,成灾260 hm^2,绝收150 hm^2。因雹灾造成农业直接经济损失187万元。

黑河市五大连池:7月22日22时50分前后,朝阳乡、龙镇、兴安乡突降冰雹,冰雹持续20 min左右,冰雹直径1.5～2 cm,致使大豆等农作物不同程度受灾。据初步统计,2680人受灾,农作物受灾5400 hm^2,成灾3501 hm^2,绝收834 hm^2,农业经济损失1328万元。

佳木斯市富锦:7月24日17时20—38分,受强对流天气影响,遭受了风雹灾害的袭击,最大风速达17.3 m/s。据受灾农户提供,冰雹最大直径1.5 cm左右,冰雹伴随着强降雨,致使上街基镇大屯村玉米、黄豆、香瓜受灾比较严重。经工作人员现场查看和相关部门会商初步统计,此次灾害造成580人受灾,农作物受灾235 hm^2,成灾235 hm^2,绝产100 hm^2,灾害共造成直接经济损失304.5万元,其中农业损失304.5万元。

绥化市望奎县:7月31日17时56分—18时10分,海丰镇八方村出现冰雹,造成40 hm^2烤烟受灾,其中受灾程度2～5成的24 hm^2,绝产16 hm^2。

B.5 低温冻害

5月下旬,黑龙江省气温偏低,旬末有一次降温过程,绥化和哈尔滨的部分县(市)出现低温冻害。

绥化市庆安县:5月25日06时50分发展乡发达村邻近山区近2666.7 hm^2农田发生低温冻害,其中黄豆近1333.3 hm^2、玉米面积约1333.3 hm^2。成灾1333.3 hm^2,绝收约666.7 hm^2。因灾直接经济损失500万元。

哈尔滨市巴彦县:5月24—25日气温明显下降,25日清晨本站地面最低气温5.2℃,黑山镇区域站最低气温4.4℃,由于黑山镇杨立平屯处于山脚下,地势低洼,降温剧烈,地表结冰,出现冻害。黑山镇明山村杨立平屯共有90.5 hm^2大豆遭受冻害,小苗全部冻死,需重新毁种;6.7 hm^2玉米遭受冻害,对生长、发育造成了一定影响。

B.6 森林草原火灾

佳木斯市桦南县:4月15日出现大风天气,平均风力6级,阵风9级。2017年4月15日12时20分桦南县防火指挥部接到火情报告,在桦南县石头河子镇向阳林场出现林火,位置在桦南镇与石头河子镇交界的石头河子镇一侧。经县森林防火部门对向阳林场受灾情况进行统计,向阳林杨过火 86.7 hm²,森林受害 12.8 hm²,受害林木为人工林樟子松。火灾于当日 16 时 30 分被扑灭。据调查,此次向阳林场起火是因为村民烧秸秆引起的。此次向阳林场发生的森林火灾,是桦南县近 20 年来最大的一次森林火灾,受灾面积大、经济损失严重。